KB251144

처음 만나는 물리화학

김영독 교수와 함께,
수식 너머의 세상을 만나는 법

처음 만나는 물리화학

1판 1쇄 인쇄 2026년 4월 24일
1판 1쇄 발행 2026년 4월 30일

지은이   김영독
펴낸이   유지범
책임편집   구남희
편집   신철호 · 현상철
외주디자인   심심거리프레스
마케팅   박정수 · 김지현

펴낸곳   성균관대학교 출판부
등록   1975년 5월 21일 제1975-9호
주소   03063 서울특별시 종로구 성균관로 25-2
전화   02)760-1253~4
팩스   02)760-7452
홈페이지   http://press.skku.edu/

ISBN 979-11-5550-711-7 93430

처음 만나는 물리화학

김영독 지음

김영독
교수와
함께,

수식 너머의
세상을 만나는 법

경북대학교출판부

머리말

저는 성균관대학교 화학과에서 2007년부터 일반화학, 물리화학(주로 반응속도론과 통계열역학 및 열역학), 표면 및 계면화학과 관련된 과목들을 강의해 왔습니다. 교수가 되고 난 후 학생들에게 가장 많이 받는 질문은 "어떻게 하다가 물리화학을 전공하게 되었나요?" 같습니다.

개구리가 올챙이 적 시절을 생각하지 못한다는 말이 있듯이 막상 교수가 되고 20년 가까이 물리화학을 가르치다 보니, 제가 올챙이 시절에 어떻게 하다가 물리화학을 선택하게 되었는지 잘 기억이 나지 않습니다. 그래도 기억을 좀 더듬어 보자면, 고등학교 때 막연히 화학이라는 과목이 좋아서 화학과에 진학하게 되었고, 화학의 여러 과목을 배우면서 손재주가 워낙 없는 탓인지 합성은 제 적성과 맞지 않는 것 같다고 생각하게 되었던 것 같습니다. 그 와중에 우연히 표면물리화학이라는 분야를 알게 되었고, 그 분야에서는 합성보다는 장비를 다루는 일을 더 많이 한다는 것을 알게 되었는데, 왠지 그 방향이 제 적성에 더 맞는 듯하여 석사과정에서 표면물리화학을 전공하게 되었습니다.

그 이후 독일 베를린에서의 박사과정, 미국 텍사스에서의 포스트닥 과정, 그 이후 다시 독일 콘스탄츠에서의 연구원 생활을 거치면서 남들과 비교하여 나쁘지 않은 연구 성과들을 내게 되며 이 길을 선택하길 잘했다고 생각하게 되었고,

그렇게 하루하루 살다 보니 교수가 되어 학생들을 가르치게 된 것 같습니다. 제 자신이 얼마나 현명하고 똑똑한 과학자인지 아직도 가끔 의심스럽기도 하지만, 석사과정과 박사과정, 포스트닥과 조교수, 부교수를 거치며 저도 참 열심히 살았다는 생각이 듭니다.

2006년 이화여자대학교의 전임강사로 출발하여, 성균관대학교에 처음 부임한 것은 2007년 2학기였습니다. 성균관대학교에 처음 오자마자 '물리화학특론'이라는 과목을 맡게 되었습니다. 그런데 학기 첫 주에 수강생이 많지 않아 강의가 폐강이 될 수도 있다는 사실을 알게 되었고, 많은 홍보 끝에 겨우 폐강을 면하게 되었습니다. 독일과 미국에서 표면물리화학과 클러스터 물리화학을 전공하였고, 한국에 돌아와 그 분야에서 좀 더 독창적인 연구를 꿈꾸며 교수 생활을 시작하였지만, 막상 시작부터 제 연구실은 학생들에게 썩 인기가 있는 곳은 아니어서 대학원 신입생들이 제 연구실에 많이 오지 않았습니다. 물리화학 교수로서 사는 것이 나에겐 쉽지 않은 길이겠구나 직감하던 순간들이 전임강사와 조교수 시절 꽤 많이 있었던 것 같습니다. 솔직히 말하자면 교수가 된 것을 후회한 적도 있었습니다. 학생들에게 인기가 많은 실험실을 운영하는 동료 교수들에 비해 뒤처지는 것 같아 스스로 한없이 작아지는 경험을 많이 했습니다.

"어떻게 하면 물리화학이라는 분야를 더 재미있게 강의할 수 있을까?"라는 제 고민은 단순히 교육자로서의 사명감에서 출발한 것만은 아니었던 것 같기도 합니다. 아마 학부생들이 물리화학을 재미있게 느껴야 내 연구실에 들어와서 나와 함께 연구하는 대학원생들도 많이 생기고, 또 그래야만 내가 하고 싶은 연구를 더 열심히 할 수 있을지도 모른다는 지극히도 개인적이고 이기적일 수도 있는 생각에 지난 10여 년간 강의마다 물리화학을 더 쉽고 재미있게 설명하기 위한 방법을 찾으며 고민을 한 것인지도 모르겠습니다. 아직 많이 부족하지만, 그래도 이제는 저만의 물리화학 강의 노하우들이 조금씩 쌓여가는 중입니다. 학생들에게 가끔 제 강의가 들을 만하다는 피드백도 받게 되면서 조금씩 자신감이 생겨나고 있기도 합니다.

화학 또는 화학과 관련된 공학 등을 전공하는 대학생들이 물리화학, 유기화학, 무기화학, 분석화학, 생화학, 고분자 화학 등의 세부 분야 중 가장 어려운 것이 무엇이냐는 질문에 물리화학이라고 답하는 경우가 가장 많습니다. 물리화학은 화학의 가장 기본이 되는 학문인 동시에 반도체, 디스플레이, 에너지 소재, 환경 촉매 등의 응용 분야와도 밀접한 연관이 있습니다. 저 역시 지난 10여 년간 표면 물리화학을 기반으로 미세먼지 원인 물질 등의 대기 오염 물질 제거라는 환경 과학 분야의 연구를 수행하고 있습니다. 또한 화학 분야에서 다루는 거의 모든 분석법의 원리를 이해하기 위해서는 반드시 물리화학 지식이 필요합니다.

어느 순간 제가 그동안 강의를 준비하며 고민해 온 물리화학의 개념들을 하나의 책으로 정리해야겠다 생각하게 되었고, 마침 2025년이 연구년이라 강의가 없는 시간을 이용해 이 책을 쓰게 되었습니다. 대학교 1학년에서 일반화학을 배우고 난 후, 전공과목을 수강하기 전에 이 책을 먼저 읽으면 2학년 때부터 배우는 물리화학 관련 전공 강의들이 조금 더 쉽게 다가오지 않을까 하는 기대를 가져 봅니다.

이 책에서는 물리화학 분야 중 양자화학, 분광학, 통계열역학 분야의 기초 지식을 간단히 정리하였습니다. 이 책을 읽다 보면 양자화학을 이해해야 분광학을 이해할 수 있고, 분광학의 기반 지식을 가지고 있어야 통계열역학을 공부할 수 있다는 것을 알게 될 것입니다. 이 세 가지의 분야는 사실 서로 긴밀하게 연결되어 있습니다.

일반적으로 물리화학 수업에서는 많은 수식을 다루는데, 이 책에서는 물리화학의 개념에 대해 최소한의 수식만을 사용하며 설명하려고 노력하였습니다. 대학교 일반화학이나 고등학교 교과 과정에서 배우는 내용들은 여기서 따로 자세히 설명하지는 않았습니다. 아마도 이 책을 읽다가 이해가 어려운 내용이 있다면 일반화학 내용을 먼저 공부하고 다시 이 책의 내용으로 돌아와야 할 수도 있습니다. 이미 그 내용을 쉽고 재미있게 설명한 일반화학 교재들은 많이 있다고 생각하여 여기서는 그 내용을 다루진 않았습니다. 아무쪼록 이 책을 통해 학생들이 물리화학에 대해 더 많은 관심을 가지게 되면 좋겠습니다.

일부 설명들에 대해서 물리학과 물리화학에 정통한 전문가들께서는 오류가 있거나 설명이 완전하지 않다고 여기실 수도 있을 것 같습니다. 이는 화학을 공부하는 학생들에게 단순화시켜 쉽게 설명하기 위한 과정에서 온 것으로 너그러운 이해를 바랍니다. 일반적인 교재라기보다는 제가 알고 있는 지식과 제 삶에 대한 수필적 성격의 글들이 뒤섞여 있다는 점도 말씀드리며 독자들의 양해를 부탁드립니다. 마지막으로 이 책의 출판을 가능하게 해 주신 성균관대학교 출판부 선생님들께 깊은 감사를 드립니다.

차례

분광학,
하루에 1시간씩, 1주일만 공부하면 화학과 교수만큼 이해할 수 있다.

통계열역학,
하루에 1시간씩, 1주일만 공부하면 화학과 교수만큼 이해할 수 있다.

QUANTUM
CHEMISTRY

1장

양자화학,
하루에 1시간씩,
1주일만 공부하면
화학과 교수만큼
이해할 수 있다.

아마도 화학을 공부해 본 적이 없거나 공부한 지 오랜 시간이 지난 독자들의 경우에는 하루에 1시간씩 1주일을 공부하여 1장의 내용을 다 이해하는 것은 불가능하다고 생각할 것이다. 머리말에서도 언급했듯이 이 책은 고등학교와 대학교 1학년에서 일반화학을 충분히 공부한 학생들이 물리화학이라는 분야에 진입하기 전에 읽을 만한 수준으로 구성하려고 했다. 과학에 특별한 관심을 가지는 고등학생이나 일반화학을 배운 대학생들은 이 책의 1장을 1주일간 매일 1시간씩 공부하면 양자화학이라는 처음 접하는 학문에 대한 이해의 기반을 얻을 수 있을 것이다. 또한 물리화학 전공 수업에서 이미 양자화학을 배웠지만 여전히 양자화학이 어떤 내용을 담고 있는지 잘 모르겠다고 생각하는 학생들이 읽어도 좋을 것이다.

1 에너지는 연속적인가, 불연속적인가?

우리가 사는 이 세상의 에너지는 모두 불연속적이다. 양자화(quantization)가 되어 있다는 뜻이다. 우리는 일상생활에서 이 세상의 에너지가 양자화가 되어 있다는 것을 느낄 수 있을까?

기시적인 세상에서의 에너지가 양자화되어 있음을 우리가 느낄 수 있다는 것은, 예를 들어 다음과 같은 일이 우리 일상생활에서 벌어진다는 것을 의미한다. 힘이 약한 1살짜리 아이가 축구공을 차면 1m/s의 속도로 공이 굴러간다고 하자. 힘이 조금 더 센 2살짜리 아이가, 더 힘이 센 3살짜리 아이가 축구공을 차도 축구공은 1m/s의 속도로 굴러간다. 4살짜리 아이가 축구공을 차면 2m/s의 속도로 공이 더 빠르게 굴러가고 5살, 6살짜리 아이가 공을 차도 역시 2m/s의 속도로 공이 굴러간다. 7살짜리 아이가 공을 차면 3m/s로 공이 굴러간다. 공이 굴러가는 속도는 1m/s, 2m/s, 3m/s……. 이렇게 nm/s에서 n이 정수인 경우만 가능하고, 그 사이의 값들의 속도, 예를 들어 1.1m/s, 1.2m/s로 공이 굴러가는 것은 불가능하게 된다.

실제로는 그런 일이 일어나지 않는다. 공은 세게 차면 빠르게 굴러가고 약하게 차면 그만큼 느리게 굴러간다. 공이 굴러가는 속도는 1m/s, 1.1m/s, 1.01m/s

등등 모든 값이 다 가능하다. 우리가 세상에서 경험할 수 있는 속도 또는 에너지 값은 연속적인 것으로 보인다. 즉, 특정한 불연속적인 값(예를 들어 1, 2, 3…… 등)들의 에너지만 허용되는 것이 아니라 모든 실수(real number)로 표현할 수 있는 어떤 에너지 값도 다 허용 가능한 것처럼 보인다.

사실은 거시적인 세계에서도 에너지는 양자화가 되어 있는데, 즉 불연속적인데, 그 불연속적인 에너지 값들 사이의 차이가 너무 작아서 마치 에너지가 연속적인 것처럼 보이는 것이다. 그런데 계가 점점 작아지면서 인접한 에너지 값들 사이의 간격이 커져, 결국 분자나 원자, 전자의 작은 세상에선 양자화 또는 불연속성이 두드러지게 된다. 분자 하나의 크기는 대략 0.1~수 나노미터로 매우 작다. 정확한 설명은 아니지만, 우리가 서로 1마이크로미터 간격을 두고 떨어져 있는 점들을 눈으로는 연결된 선으로 인식하지만, 전자현미경으로 확대해서 보면 서로 떨어져 있는 것을 볼 수 있는 상황과 유사하다고 일단 해두자.

참고로 머리카락 두께가 수십 마이크로미터이니 거시적인 세상에서 1마이크로미터는 매우 작은 거리이며(분자에게는 매우 큰 거리겠지만), 점들이 1마이크로미터 간격으로 떨어져 있는 것을 우리 눈은 인식하지 못한다. 우리는 선이 연속적이라고 인식하지만, 실제로 자세히 확대해서 들여다보면 선은 불연속적인 점들의 집합체이다.

De Broglie 식: $mv = \dfrac{h}{\lambda}$

m은 입자의 질량, v는 속도, h는 플랑크 상수, λ는 파장이다. 플랑크 상수, 볼츠만 상수 등의 정확한 값과 단위는 물리화학 전공책에 잘 나와 있다.

물리화학을 공부하며 학생들이 가장 싫어하는 것이 수식이다. 이 책의 서론에서 내가 수식을 최소한으로 쓰겠다고 했는데, 아예 수식을 안 쓰겠다고 하지는 않았다. 물리화학 개념들의 원활한 설명을 위해서는 어쩔 수 없이 수식을 써야 하는 경우들이 있으니 넓은 마음으로 이해해 주기 바란다.

위에 적은 de Broglie(드 브로이) 식은 일반화학에서 배우는데, 어쩌면 이 식은 자연의 본질에 대한 통찰을 담고 있는지도 모르겠다. 이 식 등호의 왼쪽은 mv, 즉 운동량(p)이며 이는 입자의 성질이다. 등호의 오른쪽은 λ, 즉 파장인데 이는 파동의 성질에 해당한다. 이 식을 말로 풀어 보자면 다음과 같다. 입자가 곧 파동이다. 좀 더 정확히 말하자면, 입자의 모든 운동은 파동이다.

파동은 보강간섭과 상쇄간섭을 한다. 〈그림 1〉에서 나타낸 바와 같이 파의 가장 작은 단위의 거리, 즉 파장이 같은 1차원 파 2개가 같은 방향(x축)으로 전진

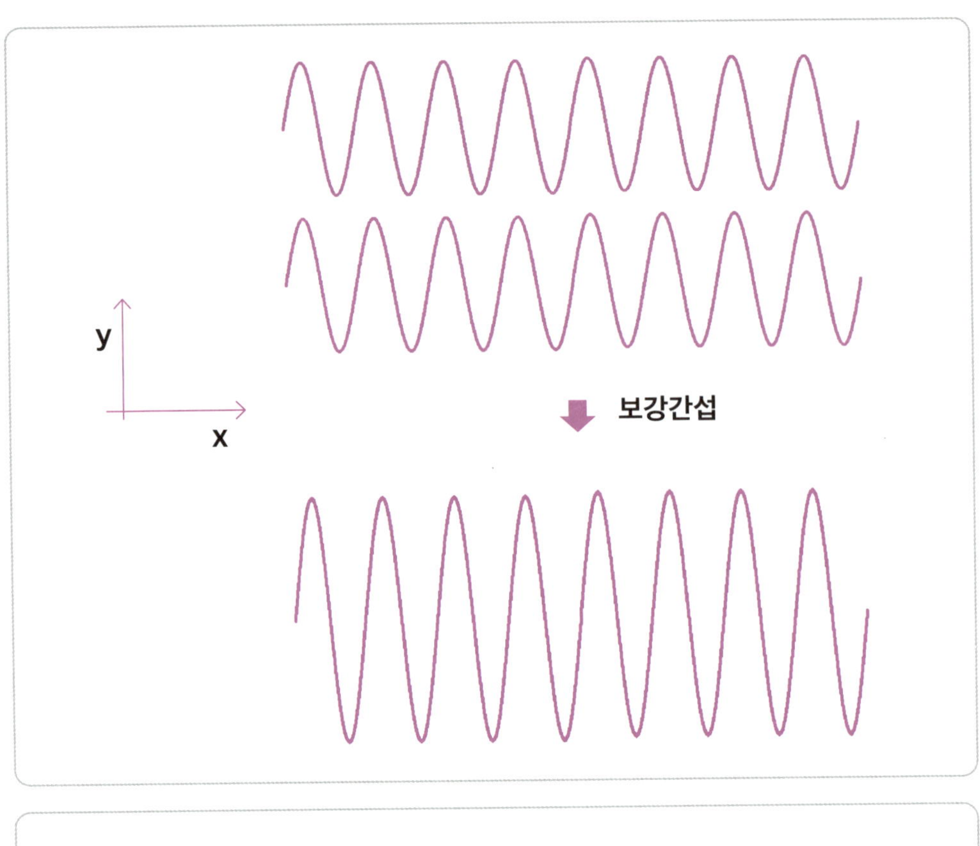

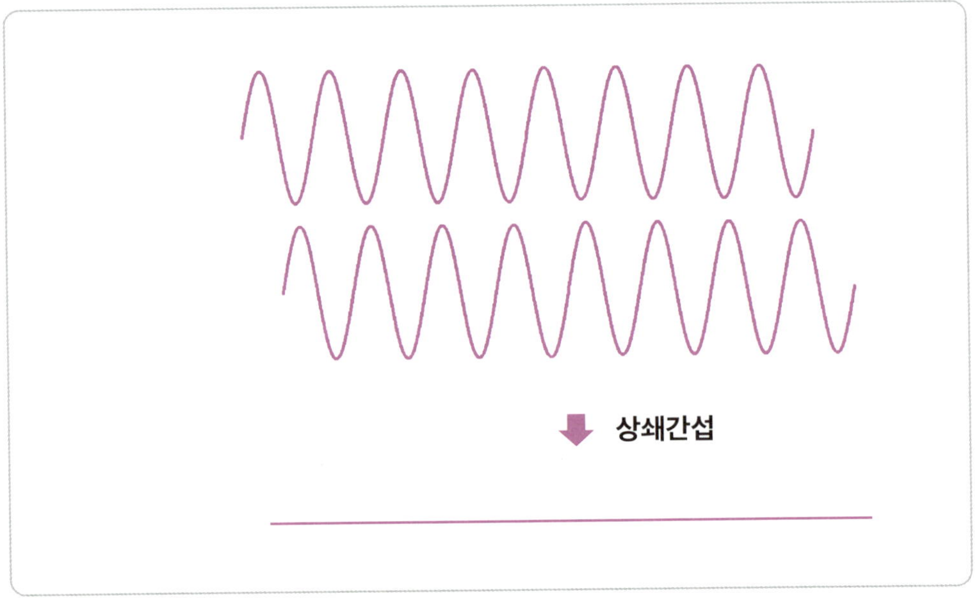

그림 1 파의 보강간섭과 상쇄간섭에 대한 모식도

처음 만나는 물리화학

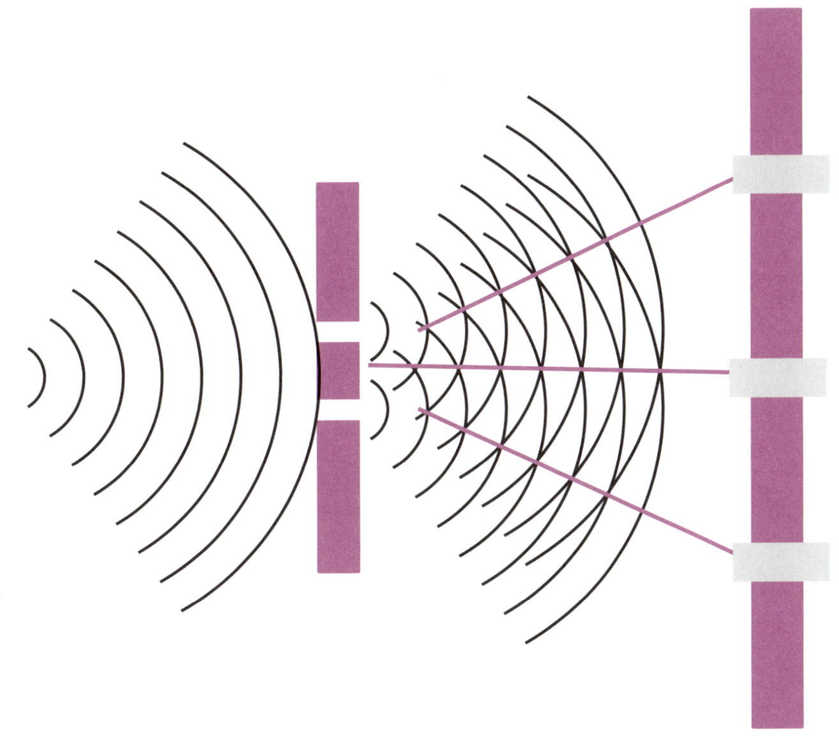

그림 2 Young의 이중 슬릿 실험에 대한 모식도. 같은 파장을 가지는 각기 다른 2개의 슬릿을 빠져 나간 파는 서로 간의 간섭에 의해 반대편 스크린에 간섭무늬를 형성한다. 밝은 부분은 빛의 보강간섭, 어두운 부분은 빛의 상쇄간섭에 해당한다. 〈그림 1〉과 달리 1차원이 아닌 2차원 파가 표현되었으며, 각 직선은 간섭에 의해 형성된 파의 진폭이 가장 큰 진행 방향을 의미한다.

한다고 했을 때, 두 파의 y축(고도-amplitude) 값이 가장 큰 x 좌표가 같다면, 이들은 서로 보강간섭을 일으켜 그림에서 보는 바와 같이 파가 증폭된다. 반면 두 파의 최대 y값을 나타내는 x 좌표가 서로 파장의 반($\lambda/2$)만큼 차이가 난다면 두 파는 소멸되는데, 이를 상쇄간섭이라고 한다. 이 보강간섭과 상쇄간섭은 각 x 위치에서 두 파의 y값을 더하는 쉬운 계산으로 설명 가능하다. 이러한 파의 보강간섭과 상쇄간섭으로, 파는 회절 현상을 일으킨다. 다시 말해서, 어떤 물질이 회절 현상을 나타낸다면 그 물질은 파동성을 가진다고 할 수 있다.

빛의 회절 현상은 Young의 이중 슬릿 실험으로 관찰할 수 있다. 〈그림 2〉에서 보듯이 단파장(일정한 파장)의 빛을 2개의 인접한 위치에 틈(슬릿)이 나 있는 벽을 향해 쪼여주면 그 틈을 통과한 빛은 반대편에서 밝고 어두운 부분이 번갈아가면서 나타나는 회절무늬를 보인다. 〈그림 1〉에서는 파를 1차원으로 표현한 반면, 〈그림 2〉에서는 2차원으로 표현했다. 2차원 파는 호수에 돌멩이를 던지면 생기는, 중심에서 퍼져나가는 물결이라고 이해하면 될 것 같다. 〈그림 2〉에서 밝은 부분은 2차원 파의 보강간섭에 의해 형성된 것이고, 어두운 부분은 상쇄간섭에 의해 형성된다. 두 파의 최대 y값을 갖는 위치의 겹침이 이어지는 방향으로만 보강간섭이 일어나게 되는 것이다. 이러한 결과로부터 우리는 빛이 파동성을 가짐을 알 수 있게 된다.

빛은 입자성도 가지는데, 예를 들어 일반화학에서 배우는 아인슈타인의 광전효과를 통해 알 수 있다. 충분한 에너지를 가지는 빛 입자, 즉 광자가 분자 등의 개체에 의해 흡수되며 전자가 방출되는 광전효과로부터 빛 입자의 개념을 도출할 수 있다. 빛의 회절무늬에는 밝은 부분과 어두운 부분이 번갈아 나타나는데, 이를 입자성을 기반으로 설명하면 밝은 부분은 빛 입자, 즉 광자가 많이 도달한 부분이고, 어두운 부분은 광자가 도달하지 않은 부분이다.

전자는 질량을 가지고 일정한 속도로 움직일 수 있기 때문에 입자성을 가진다고 볼 수 있다. 그런데 전자의 회절 현상도 관찰되기 때문에 전자도 파동성을 지닌다는 결론에 도달한다. 참고로 전자의 회절 현상은 1900년대 초반에 처음으로 발견되었다. 현대 표면물리화학에서는 전자의 회절을 표면 구조 분석에 이용한다. 원자나 분자의 회절 현상도 실험으로 관찰됐기 때문에 이들도 파동성을 지닌다고 할 수 있다. 실험에 한계는 있겠지만, 원칙적으로 모든 입자는 회절을 일으킬 수 있어야 한다. 예를 들어 똑같은 무게의 축구공 수억 개를 일정한 속도로 인접한 2개의 문으로 통과시키면 축구공도 회절을 일으킬 수 있어야 한다(실제 이런 실험은 불가능하겠지만). 즉, 문을 통과한 축구공은 문 반대편에서 특정한 부분에 몰려 있고, 특정한 부분에는 축구공이 아예 없는 회절무늬를 만들어야 할 것이다.

입자가 곧 파동이다. 이를 정말 이해하는 사람이 있기는 한 건지 나도 잘 모르겠다. 아무튼 이 de Broglie 식과 친해지지 않으면 양자화학과 친해지기는 어렵다.

나는 오래전 전자의 회절무늬를 이용해 표면구조를 해석하는 연구로 독일의 프리츠 하버(Fritz-Haber) 연구소에서 박사학위를 받았으며 양자화학, de Broglie 식과 친해지기 위해 많은 시간을 쏟았다. 그럼에도 불구하고 여전히 내가 이 개념들을 이해하고 있는 지는 잘 모르겠다. 그러니 양자화학을 한 학기 배우고 난 후 내용을 제대로 이해하기 어렵다며 너무 실망하지 마시라. 물리화학을 전공하는 교수이며, 50이 넘은 나도 아직 너무 어렵다.

고무줄을 x축 방향으로 직선으로 놓고 양쪽 끝을 두 손으로 꽉 잡는다. $x = 0$인 위치와 $x = L$인 위치를 두 손으로 꽉 잡았다면, 이 두 위치에서는 고무줄이 고정되어 있다. 이제 다른 사람의 손을 빌려 $0 < x < L$ 사이의 고무줄을 sine파 형태로 만들어 본다면(〈그림 3〉 왼쪽), L이 파장의 반($\lambda/2$)의 정수배(여기서 정수를 n으로 표현한다)인 파만 만들어진다. 고무줄의 양 끝을 내가 꽉 잡고 있기 때문이다(경계조건 또는 제한조건). 허용되는 파장값은 불연속적이다. De Broglie 식, 이 경계조건, 운동량과 운동에너지의 관계를 아래와 같은 수식들로 표현할 수 있다.

De Broglie 식: $mv = \dfrac{h}{\lambda}$

위에서 설명한 허용 가능한 파장 조건: $\dfrac{\lambda}{2} \times n = L, \; n = 1, 2, 3 \cdots\cdots$

운동에너지: $E = \dfrac{(mv)^2}{2m}$

위 세 식을 잘 조합하면 아래의 식이 구해진다. 그리 어렵지 않은 유도 과정

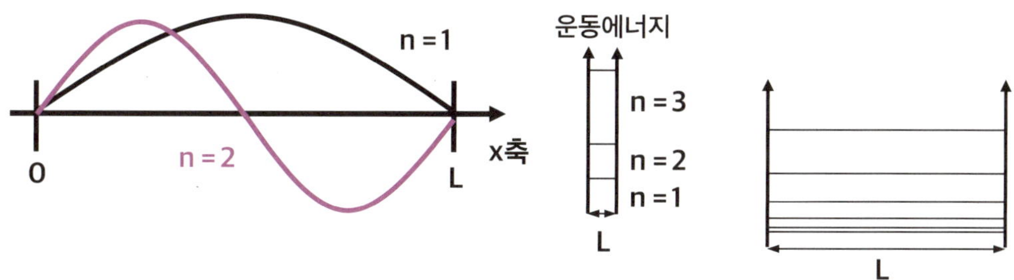

그림 3 왼쪽은 길이가 L(x=0부터 L까지)인 상자 속의 알맹이에서 허용 가능한 운동에너지 준위의 파동 중 n=1인 경우와 n=2인 경우를 도식적으로 표현한 것이다. n=1인 경우 파의 반파장이 L과 같으며 n=2인 경우 반파장의 두 배, 즉 파장과 L이 같다. 가운데 그림에는 L이 상대적으로 작은 경우, 오른쪽에는 L이 상대적으로 큰 경우의 양자화된 에너지 준위를 도식적으로 표현한 것으로 같은 양자수 n에 대해서 L이 커질수록 에너지가 작아진다. 또한 L이 커질수록 인접한 에너지 준위 사이의 에너지 간격은 좁아진다.

을 거치면 쉽게 얻을 수 있다. 위의 운동량, 운동에너지에 대한 식은 아마 중학교 3학년 과학에서 배웠을 것으로 생각된다.

$$E_x = \frac{n^2 h^2}{8mL^2}$$

이 상자 속의 알맹이 에너지 식은 양자화학을 배울 때 자주 등장하니, de Broglie 식과 함께 외워두는 것이 편하겠다. 이 책에서는 뒤에서 필요할 때마다 반복적으로 이 식을 보여줄 것이니 너무 걱정할 필요는 없다. 여기서 에너지 항에 아래 첨자로 표현된 x는 x축 방향(고무줄이 놓인 방향)으로만 파가 형성되어 있다. 또는 x축 방향으로만 운동을 하는 입자라는 의미다. 즉, E_x는 x축 방향의 운동에너지를 의미한다.

3차원 시스템에서는 운동에너지가 $E = E_x + E_y + E_z$로 표현될 수 있다. 일단 1차원으로 설명하는 것이 간단하다. 이 식에서 볼 수 있듯이 3차원은 1차원의 에너지 항을 두 번 더 더하면 된다.

위에서 기술된 식에서 n은 자연수($n = 1, 2, 3\cdots\cdots$)로, 허용되는 운동에너지는 불연속적이다(〈그림 3〉의 중간). 이 식에서 n이 자연수로 제한되지 않는다면 허용되는 에너지는 연속적인 상황일 것이나, n은 자연수임으로 허용되는 운동에너지는 불연속적이다. 이 식에서 L이 커지면 같은 값의 n에 대한 에너지는 작아지고, 인접한 에너지 준위 간 차이도 작아진다(〈그림 3〉 오른쪽). 인접한 준위란 n이 1만큼 차이가 나는 에너지 준위를 의미한다. 고무줄이 움직일 수 있는 부분의 폭인 L 값이 분자나 원자 크기만큼 작다면(0.1~ 수 나노미터) 에너지 준위들은 서로 멀찍이 떨어져 있겠으나, 그 값이 너무 커져 거시적인 세계에서 통상 다루는 값(예를 들어 수 mm 이상)에 근접하게 되면 인접한 에너지 준위들은 거의 붙어 에너지가 연속적인 것처럼 보이게 된다. L은 입자가 갇힌 상자의 한 변의 길이라고 할 수 있다. 풍선 안에 기체가 갇힌 상태에서 기체 분자의 운동에너지를 이야기하는 것이라면 L은 풍선의 한 변의 길이이며, 분자 안에 갇힌 전자의 운동에너지를 이야기하는 것이라면 L은 분자의 길이이다.

지금 우리는 일정한 공간 안에서 자유롭게 움직이는, 또는 운동하는 입자의 운동에너지에 대해서 이야기하고 있다. 운동에너지는 양자화되어 있다. 왜? 입자를 파동으로도 볼 수 있고, 파가 일정한 공간에 갇혀서 만들어진 제한조건 때문이다. 내가 고무줄의 양 끝을 꽉 붙잡았으니까 만들어진 제한조건 또는 경계조건이다. 이러한 상자 속에 갇힌 알맹이의 개념(particle-in-a-box)을 각각 입자와 파동에 기반하여 도식적으로 〈그림 4〉에 나타냈다. 일정한 공간 안에서 파동의 그림에서는 n이 증가하면 파장이 짧아진다. 반면 입자의 그림에서는 n이 증가하면서 운동에너지가 증가한다.

입자는 곧 파동이다. 지금까지 기술된 내용들이 어느 정도 이해가 된다면, 내가 '물리화학에 좀 관심이 있는 사람'이라고 생각해도 무방하겠다. 사실 일반화학을 배우지 않은 비전공자라면 여기서부터 벌써 이 책을 더 읽을 흥미가 뚝 떨어질 수도 있겠지만, 그렇더라도 조금만 참고 더 읽어 보길 바란다.

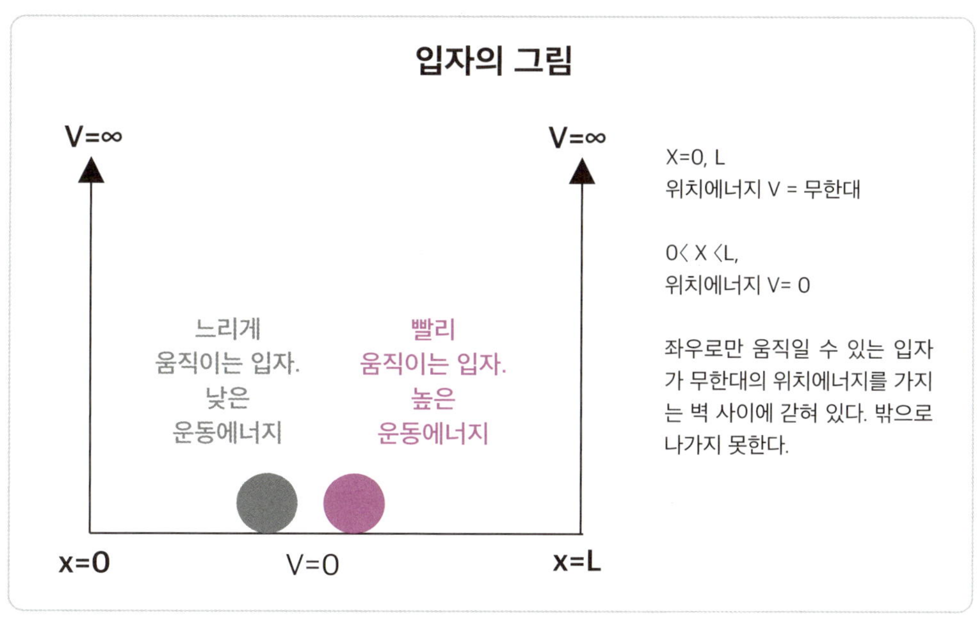

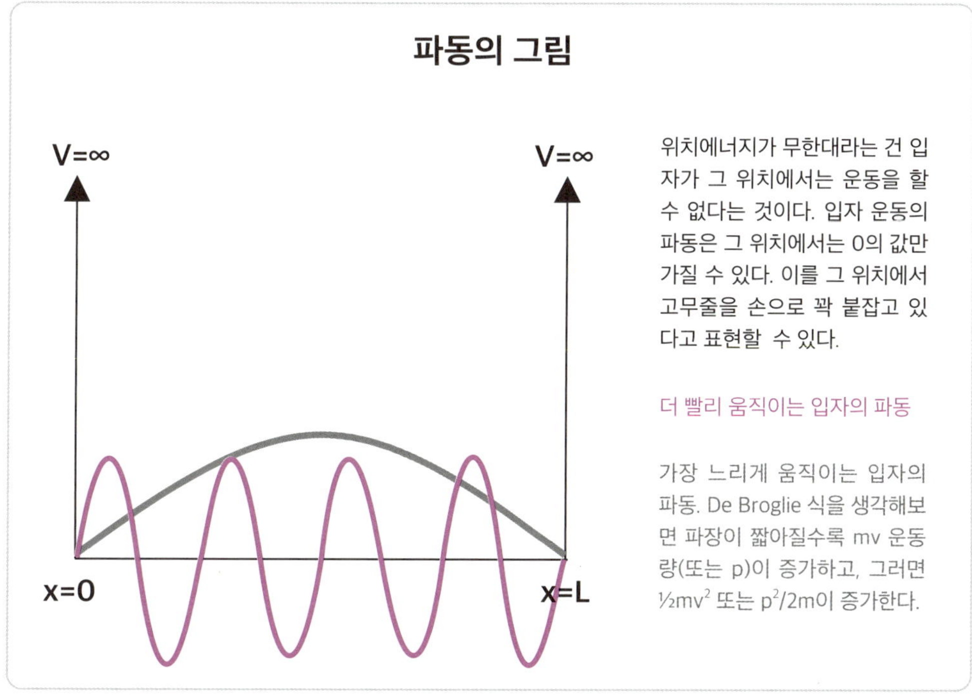

그림 4 위에는 상자 속의 알맹이에 대한 입자에 입각한 도식화된 설명이, 아래에는 파동에 입각한 설명이 나타나 있다. 입자의 그림과 파동의 그림에서 낮은 양자수와 높은 양자수에 해당하는 상황이 각각 회색, 자주색으로 표기되어 있다.

입자가 곧 파동이다. 이것이 의미하는 것은 무엇인가?

빛의 회절무늬를 살펴보자. 앞에서 언급했듯이 어두운 곳과 밝은 곳이 번갈아가며 나타나 있다. 밝은 곳은 빛이 보강간섭을 일으켜 광자(빛 입자)가 도달하는 곳이다. 어두운 곳은 파동의 상쇄간섭으로 광자가 도달하지 않은 곳이다.

이와 비슷하게 질량이 있는 입자의 경우, 운동에너지가 같은 전자, 원자 또는 분자들이 이중 슬릿을 통과하면 빛과 유사하게 회절무늬를 보인다. 편의를 위해 전자의 경우를 예로 들어 설명하자면, 회절무늬에는 입자인 전자가 많이 도달해 있는 부분과 전자가 도달하지 않은 부분이 엇갈려 있다(《그림 5》). 전자가 이중 슬릿을 통과하여 어느 방향으로 움직이는지, 어느 위치에 도달했는지는 어떻게 알까? 전자가 부딪히면 발광이 일어나는 스크린을 전자가 이중 슬릿을 통과하여 나오는 쪽(이중 슬릿을 중심으로 전자가 발생하는 장치-전자총-의 반대편)에 설치하면 된다. 전자가 발광 스크린의 지점 위에 부딪히면 거기에 밝은 점이 나타난다. 전자의 회절무늬는 전자들이 도달하는 밝은 점들이 모여 있는 곳과 그렇지 않은 어두운 부분이 번갈아 존재하는 것이다. 요즘은 유튜브에서 이러한 전자가 부딪히는 부분의 밝은 점들이 모여 회절무늬를 형성하는 과정에 대한 영상을 많이 찾아볼 수

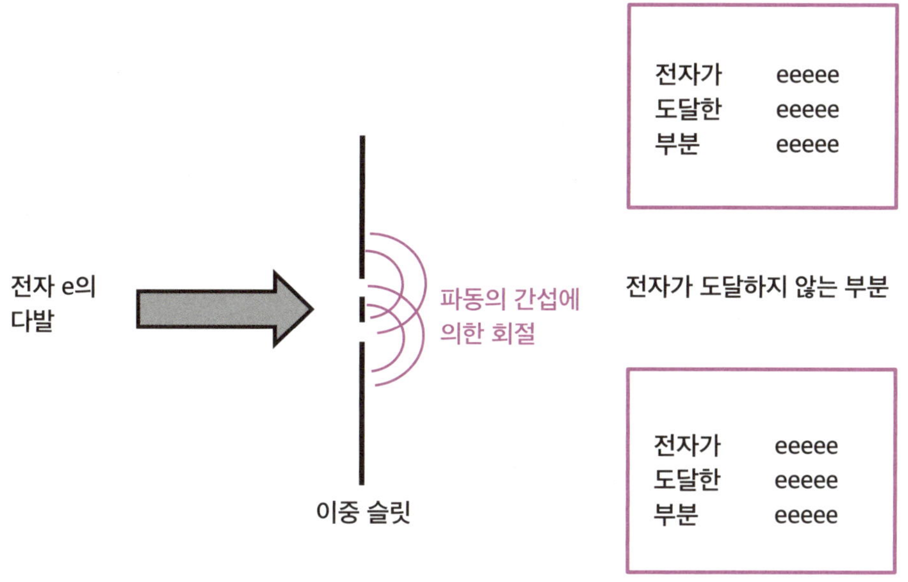

그림 5 전자의 회절 실험이 도식화되어 있다.

있다.

　우리는 전자 하나하나를 입자로 관찰한다(빛도 마찬가지다). 전자라는 입자 하나가 발광 스크린에 부딪히면 스크린 위에 밝은 점 하나가 생긴다. 그런데 무수히 많은 개수의 전자들이 이중 슬릿을 통과하여 어느 방향으로 나아가 스크린의 어느 부분에 도달할지의 분포를 결정하는 것은 보강간섭과 상쇄간섭, 즉 파동성이다. 우리가 관찰하는 것은 입자다. 그런데 그 입자들이 무수히 많은 개수가 있을 때, 그 분포를 결정하는 것은 파동성이다. 자, 여기까지 이해가 되는가?

C_{60}라는 분자가 있다. Fullerene(풀러렌)이라고도 불리는 이 분자는 탄소 60개가 축구공 모양으로 뭉쳐 있는 형상을 보인다. 1980년대 이 분자의 발견이 나노 과학의 세계를 열었다고도 할 수 있겠다. 이 분자를 발견한 미국 라이스 대학교의 스몰리(Smalley)는 다른 두 과학자 크로토(Kroto), 컬(Curl)과 같이 그 공로를 인정받아 1996년에 노벨화학상을 받게 된다.

〈그림 6〉과 같이 이온화된 C_{60} 분자들이 일정한 운동에너지를 가지고 특정한 방향으로 방출될 수 있는 장치를 만들었다. 이 이온화된 C_{60}가 100나노미터 간격으로 틈이 나 있는 장치를 통과한다(Young의 회절 실험에서 이중 슬릿과 같은 역할을 하는 장치이다). 맞은 편에는 C_{60} 이온이 어느 위치에 도달했는지를 검출하는 장치가 있다. 실험 결과 C_{60} 이온이 도달한 위치와 C_{60} 이온이 도달하지 않은 위치가 번갈아 존재하는 회절무늬가 형성됨을 확인할 수 있었다(Anton Zeilinger et al. Nature 401, 680–682 (1999)). 위에서 언급했듯이 C_{60}는 축구공 모양으로 생겼다. 실제 축구공을 가지고도 비슷한 회절 실험을 하는 상상을 한번 해 보면 어떨까?

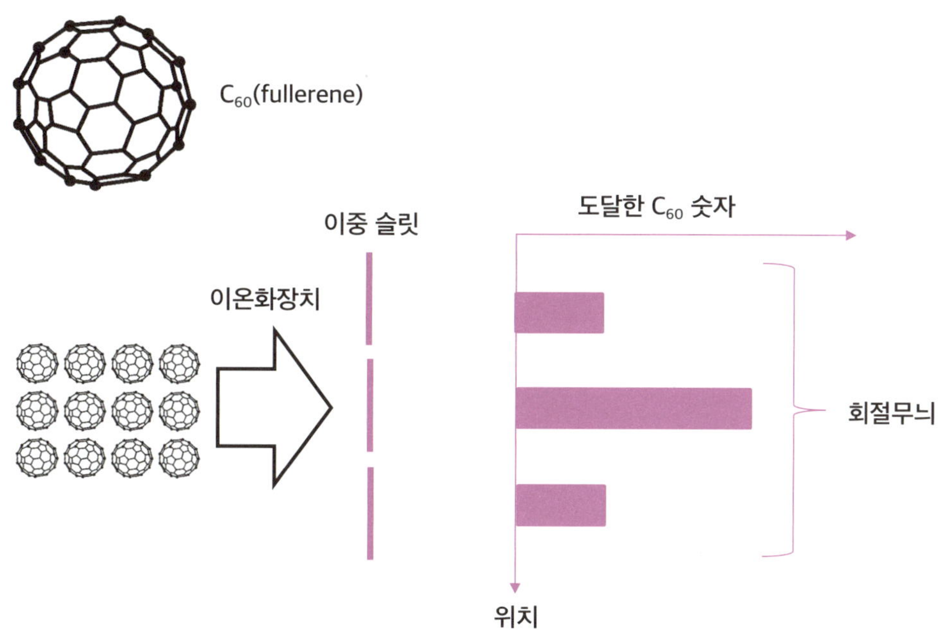

그림 6 C_{60} 분자를 이용한 회절 현상의 관찰에 대한 실험이 도식적으로 나타나 있다.

6. 파동함수와 그 제곱의 물리적 의미, 그리고 분광학

지금까지 설명한 양쪽 끝이 고정된 고무줄이 형성하는 파동을 수학적으로 표현한 것을 파동함수(wavefunction)라고 한다. 이것이 〈그림 7〉 왼쪽에 표현되어 있다. 파동함수의 제곱값은 입자의 확률 분포다. 파동함수 자체는 물리적으로 관측되지 않으나, 그 제곱값은 관찰할 수 있다. 예를 들어 $n = 1$일 경우(반파장-파장의 절반-이 L과 같을 경우), $0 < x < L$의 좌표에서 파동함수 Ψ는 다음과 같은 파를 표현하는 식에 비례하는 함수로 표현할 수 있다.

$$\Psi = \sin\left(\frac{\pi x}{L}\right)$$

어떤 운동에너지에 해당하는 파동함수의 제곱이 큰 위치에서 그 운동에너지를 가지는 입자가 발견될 확률이 높다. 입자 하나만이 발견된다면, 그 입자가 상자 안의 어느 위치에서 발견될지 미리 예측할 수는 없다. 그런데 같은 조건에 놓인 똑같이 생긴 상자 수만 개 안에서 같은 운동에너지를 가지는 입자 하나씩을 발견하고 상자 안에서 입자들의 위치 분포를 통계적으로 따져 보면 파동함수의 제곱과 같아지게 된다. 위에서 언급한 sine파의 경우 $n = 1$에 해당하는 운동에너

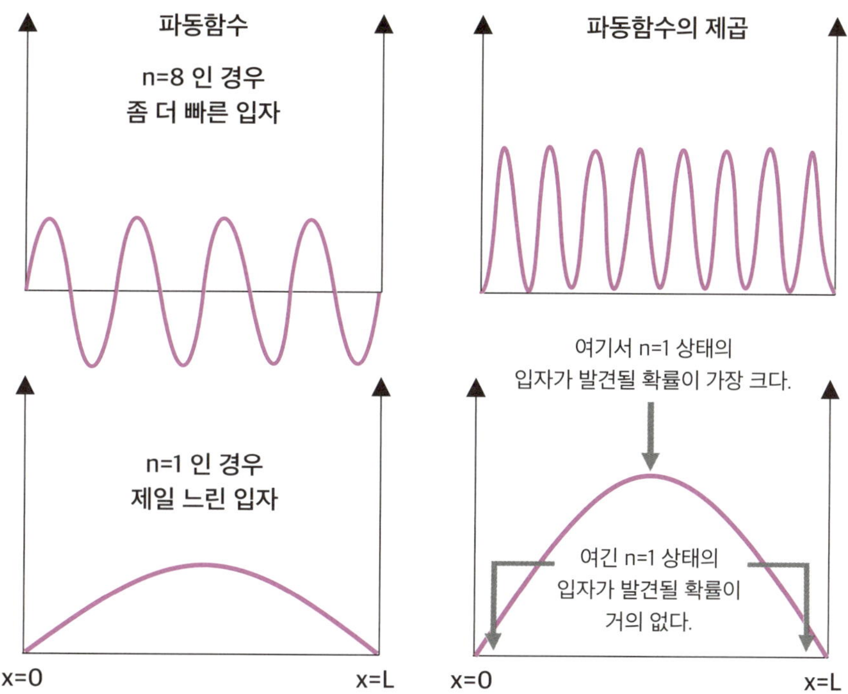

그림 7 왼쪽은 상자 속의 알맹이의 파동함수가, 오른쪽은 파동함수의 제곱값이 도식화되어 있다. 위는 양자수 n=8인 경우, 아래는 n=1인 경우이다.

지를 가지는 입자가 상자의 양쪽 끝에서 발견될 확률은 거의 없고, 상자의 가운데에서 발견될 확률이 가장 높다(그림 7 오른쪽 아래).

그렇다면 풍선 안에 기체 분자가 균일하게 퍼져 있지 않고 특정 부분에 막 몰려 있을까? 위에서 설명한 상자 속의 알맹이의 상황처럼? 그럴 리가……. 이 문제에 대한 답을 벌써 알고 있다면 지금까지 설명과 함께 앞으로 나올 내용의 일부까지 이미 굉장히 잘 이해하고 있다고 볼 수 있겠다. 최소한 위와 같은 의문이 드는 학생은 물리화학에 대한 감각이 있다고 할 수 있을 것 같다(이러한 의문조차 들지 않는 학생은 조금 더 분발해야 할 것 같다).

거시적인 세계에서 온도가 0K에 매우 근접하지 않는다면, 분자들의 대부분은 앞에서 계속 설명한 상자 속의 알맹이 양자수 n이 엄청나게 큰 상태에 해당하는 운동에너지를 가지고 있다. 정확히 계산은 해 봐야 알겠으나, 아마 n이 수천 만, 수억 또는 그 이상의 상태일 것이다. 이에 대해서 조금 더 자세히 설명해 보겠 다. 거시적인 세계, 예를 들어 풍선 속에 들어 있는 기체의 경우 풍선의 한 변의 길이 L은 엄청 크다. 앞에서 보여준 1차원 상자 속 알맹이의 운동에너지를 기술 하는 식(앞에서 외우라고 한 식)에서 특정한 양자수 n의 에너지 및 인접한 에너지 준 위 사이의 간격은 L이 커지면서 감소하기 때문에, 분자나 원자보다 그 크기(L)가 훨씬 큰 풍선 안의 기체 분자의 경우 허용 가능한 운동에너지 준위는 서로 거의 붙어있는 상태라고 볼 수 있다(거의 연속적이라고 말할 수 있다). 아주 낮은 온도라고 하더라도 그 운동에너지가 n이 높은 양자 상태까지 도달하게 하는 데 충분해지 게 되는 것이다. 지금부터는 조금 어려운 이야기일 수도 있는데, 특정한 온도에서 분자의 평균적인 1차원적인 운동에너지는 $\frac{1}{2}kT$이다. 여기서 k는 볼츠만 상수, T 는 온도이다. 이 내용은 일반화학에서도 다루긴 하는데, 통계열역학에서 균등 분 배의 원리를 배우면 더 자세히 이해할 수 있게 된다. 이에 대해서는 3장에서 조금 더 자세히 다룰 것이다. 여하튼, 이 평균적으로 $\frac{1}{2}kT$의 1차원 운동에너지를 가지 는 기체 분자들은 우리가 경험할 수 있는 온도 범위에서는 상자 속의 알맹이 양 자수 n이 위에서 언급한 바와 같이 수천 내지 수억 또는 그 이상의 엄청 큰 상태 에 있게 된다. 그러면 de Broglie 파장이 너무 짧은 상태가 되어 파동이 파동처럼 보이지 않고 마치 띠처럼 보이게 된다. 그래서 파동함수의 제곱도 띠 형태로 풍선 안의 위치에 상관없이 균일한 것처럼 보이게 되고, 그러니 입자가 발견될 확률도 거시적인 세계에서는 위치에 무관해 보인다. 거시적인 세계에서는 파동성과 에너 지의 불연속성이 없는 것이 아니라, 있기는 한데 우리 눈으로는 인지하기 힘든 것 이다. 앞에서 미세한 점들이 촘촘히 일렬로 서 있는데, 우리 눈은 그것을 선이라 고만 인식하는 것에 양자 현상을 비유했다는 점을 다시 언급하고 싶다.

에너지의 양자화를 보여주는 실험은 많이 있다. 열용량, 흑체복사 등. 그들 중 가장 직관적으로 이해하기 쉬운 것은 일반화학에서도 배우는 수소 원자의 선 스펙트럼이다. 뤼드베리(Rydberg) 식으로 구할 수 있는 $n = 1, 2, 3 \cdots\cdots$ 등 양자화 된 전자 에너지 준위들 사이의 차이에 해당하는 에너지를 가지는 빛만 수소 원자

처음 만나는 물리화학

가 흡수하거나 방출한다. 자라 1마리(높은 준위에서 $n = 1$ 상태로 전자가 내려오면서 "자" 외선이 방출되고 이를 "라"이만 계열이라고 한다), 가발 2개(가시광선, 발머계열, $n = 2$), 적군 파 3(적외선, 파셴계열, $n = 3$). 1980년대 후반에 고등학교에서 난 이렇게 외우라고 배웠다. 만약 수소 원자 안 전자의 에너지가 양자화가 되어 있지 않다면, 모든 에 너지의 빛을 다 흡수하고 방출하여 선 스펙트럼이 아니라 연속 스펙트럼을 만들 었을 것이다(연속 스펙트럼이란 모든 파장 또는 에너지의 빛을 흡수 또는 방출하는 결과이다). 전자라는 알맹이가 수소 원자라는 작은 상자 안에 갇혀서 이런 양자화가 두드러 지게 나타나게 된다. 헬륨 원자도 선 스펙트럼을 만드나, 헬륨의 흡수 또는 방출 에너지는 수소와는 다르다. 헬륨의 위치에너지 상자의 모양이 수소와는 다르기 때문이다. 원자마다 흡수하거나 방출하는 에너지는 다르다. 따라서 선 스펙트럼 을 보고 어떤 원자인지 알아낼 수 있다.

이것이 분광학의 기본 원리와 맞닿아 있다. 어떤 파장, 진동수 또는 에너지의 빛을 흡수하거나 방출하는지 관찰함으로써 그 빛을 흡수하거나 방출하는 원자나 분자의 화학적 조성과 구조를 알아낸다. 원자나 분자의 전자 에너지 준위, 분자의 진동준위, 분자의 회전준위 등이 모두 양자화되어 있고, 그래서 이들이 분광분석 에 이용될 수 있다. 아직은 조금 어려운 이야기일 수 있으나, 이 책의 뒤에서 차근 차근 설명할 것이니 너무 겁먹지 않아도 된다.

원리를 잘 몰라도 주어진 분광스펙트럼을 잘 해석하는 사람은 널려 있다. 그런데 각 분 광법의 원리를 이해하고 어떤 특정한 상황에서 원하는 정보를 얻기 위해 어떤 분광법을 사용해야 하는지 알아낼 수 있는 사람은 많지 않은데, 그런 사람이 재료 분석이 포함된 연구를 선도할 수 있다. 기업 분석실에서 근무하는 연구원들이 뒤늦게 원리를 다시 공 부하는 이유다. 분광학의 기본은 양자화학이니 이를 건너뛰고서는 분광학을 제대로 이 해하기 어렵다. 문제는 전공 강의에서 양자화학을 처음 배우는 과정에서 어떤 내용이 특정한 분광법의 원리 및 응용과 연관이 되어 있는지 파악하기 어렵다는 것이다. 그래서 양자화학이 다양한 화학 분야와 어떻게 연결되어 있는지 알아내기 힘들어 양자화학이 덜 흥미롭게 느껴지곤 한다. 게다가 양자화학 수업에서 다루는 수식은 또 얼마나 많고 어려운가. 그래서 화학과 학생들이 양자화학 배우기를 쉽게 포기하곤 한다.

그렇다면 분석의 양자화학 원리부터 응용까지 폭넓게 배우려면 어떻게 해야 할까? 적어도 성균관대학교 화학과에서 학부 3, 4학년을 대상으로 강의하는 "진공과 표면과학"이라는 전공심화 과목에서는 표면분석에 대해서만큼은 그 양자화의 기초부터 응용까지 체계적으로 다뤄보겠다는 생각으로 강의하고 있다. 그냥 내가 아는 것은 다 가르치자는 단순한 생각으로 강의하지 않는다. 이 글을 쓰고 있는 시점이 2025년인데, 아마도 2026년부터 필자는 "표면과학으로 읽는 물리화학 A부터 Z"라는 새로운 이름으로 표면과학뿐만 아니라 양자화학의 기본 원리를 다루는 강의를 하게 될 것이다.

사람은 살면서 자신에 대한 높은 자존감이 필요하거나 또 잘난 척이 자존감을 높여줄 때도 있다. 나이를 먹어갈수록 자존감이 점점 낮아지는 것같이 느끼는 나는 요즘 들어 잘난 척을 더 많이 해보려고 억지로라도 노력하고 있다. 여기서도 내 잘난 척을 하나 하자면, 분석의 이론부터 응용까지 잘 배우고 싶다면 나 같은 교수의 지도를 받으면 된다. 내 수업을 들어도 좋고, 더 좋은 것은 내 연구실(성균관대학교 화학과 계면물리화학연구실)에서 연구를 해 보는 것이다. 안타깝게도 내 연구실은 학생들에게 인기가 없다(아, 벌써 다시 자존감이 낮아지는 것 같다). 어떤 해에는 2~3명의 대학원 신입생이 들어오지만 어떤 해에는 아예 안 들어오는 경우도 많다. 우리 학과의 특정 연구실에서 1년간 대학원 신입생을 전혀 못 받는 경우는 흔치 않은데, 내 실험실에서는 자주 일어나는 일이다. 들어온 학생들은 연구 실적이나 취업 실적이나 모두 괜찮은 편이라고 생각하고 있지만, 20년간 교수를 하며 이 문제로 많은 스트레스를 받아왔다.

화학을 전공하고 대학원에 진학하는 학생들에게 물리화학 전공을 권하고 싶다. 취업도 잘 되고 요즘은 물리화학 전공자가 많지 않아 교수 임용에서도 경쟁도 덜하다. 내 연구실에서 박사학위를 받은 제자들 중 2명이 수도권 대학교에 교수로 임용이 되었다. 다만 물리화학을 기반으로 하되, 너무 기초 연구에만 머무르지 말고 최신 트렌드에 맞는 응용과 밀접한 연구를 하는 방향을 권해주고 싶다. 나도 현재는 대기 정화기술, 탄소저감기술 등을 개발하며 기업들과도 많은 연구를 하고 있고, 그 과정에 내 표면물리화학의 전문성을 녹여내고 있다. 내가 박사과정과 박사후 연구원 시절 전공했던 기초 표면물리화학은 나의 학문적 기초를 탄탄하게 해 주었으나, 다른 한편으로는 당시 기초에만 매진하다 보니 교수가 되고 나서 초반에는 학생들의 관심을 많이 받지 못하게 되며 전임강사, 조교수 시절 너무 힘든 삶을 살게 되었다. 지난 20년 동안 박사과정과 박사후 연구원 시절 닦은 기초를 유지하면서도, 다른 한편으로는 천천히 응용과 맞닿은 연구로 방향을 전환하며 나름대로 발전해 왔다. 조교수 시절보다는 나아졌지만, 아직도 학생들에게 인기가 없는 것을 보면 내 그런 노력을 아직 세상이 잘 알아주지는 않는 것 같다. 세상은 내 마음먹은 대로 모든 일이 이루어지진 않는다. 이 당연한 진리를 하루하루 느끼면서도 최선을 다해 살아가는 방법밖에 없다.

파동함수에 대한 해석

상자 속의 알맹이에서 특정한 양자수 n에 해당하는 운동에너지를 가지고 있는 녀석(내가 이 부분에서 입자라고 표현하지 않고 녀석이라고 표현하는 이유는 특히 이 소단원에서는 파동이면서 동시에 입자인 이것을 입자라고 지칭하고 싶지 않기 때문이다. 뒤에서는 편의상 간혹 입자라고 지칭하긴 하겠지만)은 그 위치를 관찰하기 전에는 그 양자수에 해당하는 파동함수의 제곱으로 기술되는 확률 분포로 존재한다. "입자가 너무 빨라서 그 위치를 알 수 없다" 이런 개념이 아니라 관찰되기 전에는 우리가 생각하는 질량과 위치가 정해질 수 있는 입자가 아니라 확률 분포 상태로 존재한다는 것이다. 좌표 $x = 0.1\,nm$에서 존재할 확률 5%, $x = 0.2\,nm$ 위치에 존재할 확률 6%…… 이런 식의 상태로 존재한다는 것이다. 그러다가 관찰되는 순간 그 녀석의 위치가 결정되며, 사실 이 관찰된 순간부터 우리가 생각하는, 위치가 결정된 입자의 형태로 나타나게 된다는 것이다. 이것이 보어와 하이젠베르크의 파동함수에 대한 해석인 것 같다. 좀 더 어렵게는 확률 분포로 존재하던 입자가 관찰되는 순간 파동함수의 붕괴를 일으키며 위치가 결정된다고 표현할 수 있다. 여하튼 앞서 설명한 것처럼 그런 입자 수십만 개를 관찰하여 그 위치의 통계 분포를 보면 이는 그 파동함수의 제곱과 같아지게 된다. 노파심에서 반복해서 이야기하는데, 각각의 입자는 관찰

전에는 위치가 정해지지 않은 확률 분포로 존재한다. 주사터널현미경이라는 분석 방법을 이용하면 이런 파동함수의 제곱에 대한 분포를 실험적으로 얻어낼 수 있다. 일반화학에서 배우는 오비탈의 모양을 실험적으로 얻을 수 있는 것이다. 내가 하는 표면과학 관련 강의에서, 그런 내용에 많은 학생들이 흥미를 느끼는 것을 경험한 적이 있다. 더 궁금하면 성균관대학교 화학과 전공심화 과목 중 필자가 강의하는 표면과학 관련 강의를 들으면 된다.

아인슈타인은 이런 보어와 하이젠베르크의 해석에 동의하지 않았다고 한다. 아인슈타인이 했다는 "신이 주사위 놀이를 하지 않는다(Gott würfelt nicht)"는 말은 1~6 사이의 각 1/6의 확률 분포로 존재하다가 주사위를 굴려 1에서 6 사이의 숫자 중 하나가 결정되는 것처럼, 물질이 확률 분포로 존재하다가 관찰되는 순간 상태가 결정될 리가 없다는 아인슈타인의 생각을 담고 있다. 어찌됐건 아인슈타인은 동의하지 않았던 이런 보어 학파의 해석을 현대 물리학은 받아들이고 있다. 아인슈타인도 동의하지 않았다고 하니, 양자화학이 선뜻 이해가 가지 않더라도 학생들이 불안해할 이유는 없다. 처음에는 이해가 가지 않는 것이 당연한 일일지도 모르겠다.

 처음 만나는 물리화학

좀 다른 이야기지만, 결정 덩어리의 모양은 그 결정의 미시적인 단위세포의 모양과 닮은 경우가 많다. 단위세포는 결정의 규칙적인 원자 배열의 가장 작은 단위이다. 미시적인 세계에서 자연을 관통하는 법칙이 있다면, 그 법칙은 거시적인 세계에도 적용될 수 있다. 자연을 관통하는 데에는 미시적이든 거시적이든 일관된 법칙이 있을 것이라고 과학자들은 믿는다. 물질이 관찰 전에는 확률 분포로만 존재하다가 관찰이 되면서 비로소 자신의 위치를 결정한다면, 지금 나의 모습도 세상에 노출되지 않은 관찰자가 없는 나 혼자만의 모습은 의미가 없고 세상에 관찰되면서(또는 노출되면서) 내 모습을 갖추게 되는 것이 아닐까?

김춘수의 〈꽃〉이라는 시에는 다음과 같은 문구가 나온다. "내가 그의 이름을 불러주기 전에는 그는 다만 하나의 몸짓에 지나지 않았다. 내가 그의 이름을 불러주었을 때, 그는 나에게로 와서 꽃이 되었다." 조물주가 만들어 놓긴 했으나, 그저 몸짓이었던 무엇인가가 누군가가 자신을 불러줌으로써 꽃이라는 정체성을 가지게 되었다, 이 시를 이렇게들 해석하는 것 같다. 마치 조물주가 입자인지 파동인지 명확하지 않은 상태로 만들어놓은 무엇인가가 관찰자에 의해 그 정체를 확정하게 되는 것처럼. 신은 주사위 놀이를 하지는 않을지 모른다. 그러나 신은 세상을 어느 정도 만들어놓고 그 마지막을 인간이 스스로 마무리짓도록 맡겼는지도 모르겠다.

뭐, 그렇다는 거다. 그저 이렇게 비유를 해 보면 우리가 좀 더 양자화학에 친숙해지지 않을까 싶어서 이런 표현도 써본다. 내가 뭐 얼마나 세상에 대한 통찰력이 있겠는가? 여하튼 양자화학은 단순한 과학, 공학의 문제가 아니라 철학의 문제이기도 하다. 그래서 과학과 철학을 통합적으로 연구하는 학문도 있다.

일반적인 인간의 사고와 언어는 인간의 오감을 통한 경험을 기반으로 발전되었다고 볼 수 있겠다. 그러니 우리가 일상적으로 경험하지 못하는 것을 언어로 표현하기 어려운 것이 당연하다. 뭔가를 이해한다는 것은 우리가 가지고 있는 언어로 표현하는 사고의 논리체계에서 그것을 받아들일 수 있다는 것을 의미하지 않나 싶다.

수학적 개념에서도 도형과 그래프로 잘 대변할 수 있는 것들은 어느 정도 쉽게 이해할 수 있다. 사각형 양변의 길이를 곱하면 넓이가 된다는 도형의 개념 등은 쉽게 이해가 간다. 미적분 개념들도 그럭저럭 어느 정도 이해가 간다. 일차미분 값은 곡선의 기울기가 되고 곡선의 면적은 적분으로 얻을 수 있다는 고등학교 수학에서 배우는 내용들은 그럭저럭 이해하며 공부할 만하다. 반면, 허수(imaginary number) 등 우리가 사는 3차원 공간에서 경험하기 어려운 개념은 사실 이해가 쉽지 않다. 최소한 나에게는 그렇다.

1나노미터 간격으로 점들이 빼곡히 늘어서 있다면, 우리 눈은 그걸 연속적인 선이라고 인식하지, 일정한 간격으로 떨어져 있는 점의 집합체로 인식하지 않는다. 그래서 그걸 우리는 '선'이라고 부르지, 누구도 그걸 '점들의 집합'이라고 부르지 않는다. 누군가 선이 사실은 우리가 관찰하기 전에는 그 위치도 제대로 결정되어 있지 않은 확률 분포로 규정되는 점(확률 분포로 규정되는 걸 점이라고 불러도 되는지도 모르겠지만)들의 집합이라고 이야기하면, 그 사람과 일상적 대화를 이어가긴 어려울 수 있다.

　내 생각에 양자화학의 개념을 이해하기 힘든 이유 중 하나는 다음과 같다. 모든 물질의 상태는 우리가 관찰하든 관찰하지 않든 결정되어 있다는 일반적 관념과 양자화학의 파동성 및 그 해석이 배치된다. 사실 파동성이라는 것이 크게 우리에게(또는 나에게) 와닿지 않는다. 일상적인 언어로 기술하기 어렵고, 그래서 수학으로 표현한다. 수학으로 표현한 것을 우리의 일상 언어로 잘 해석하는 과정으로 양자화학을 공부하는 것이 아니라, 우리의 일상 언어로는 묘사하기 힘든 것들을 수학의 기술을 빌려 표현하고 이해하려고 하는 것 같다. 이 과정을 우리가 처음 접할 때 받아들이기가 쉽지 않다. 게다가 양자화학에서 배우는 수학적인 기술이 매우 어렵다. 그리고 그 수학적인 기술을 다 배운 뒤에도 허전함은 남는다. 그래서 그게 다 뭔가? 특히 파동함수에 등장하는 허수 i는 도대체 무엇을 의미하는지 감이 잘 잡히지 않는다.

　나는 의식적으로 내가 양자화학을 '이해한다'는 표현을 쓰지 않는다. 솔직히 이해가 가지 않는 것들이 많다. 내가 어느 정도 양자화학에 익숙해진 것 같긴 하지만, 양자화학이 자연을 지배하는 통찰을 제공할지도 모르겠다. 다만 우리가 오감으로 체험할 수 없는 영역의 것들이라 우리의 언어로 잘 묘사하기가 어려운 것인지도 모른다. 난 그냥 그것에 익숙해지려고 노력한다. 처음에는 양자화학을 배우며 수식과 개념을 외웠다. 외운 상태로 한 30년을 지나 보니 "아, 내가 양자를 좀 잘 아는 사람이 되었나" 하는 착각을 하며 살게 되었는지도 모르겠다. 글쎄, 분명히 나보다는 통찰력이 더 깊은 수학자, 물리학자, 화학자 들이 있을 것이다. 아무리 생각해도 나에게 그런 통찰력은 없는 듯하다. 그런 나도 물리화학 교수를 하고 있으니, 학생들은 그런 통찰력이 금방 생기지 않는다고 너무 조급해하거나 실망하지 마시라.

양자화학을 배우다 보면 '터널링'이라는 개념에 대해서 배운다. 터널링은 쉽게 말하자면 2개의 전극 사이에 작은 틈이 있는데 그 사이에 전류가 흐르는 현상을 의미한다. 원래 전극은 2개가 맞닿아 있어야 전류가 흐를 수 있다고 거시적인 또는 고전적인 물리학에서 배우는데, 양자 터널링은 그 2개의 전극이 닿기도 전에 한쪽 전극에서 전자가 다른 쪽으로 작은 틈을 뛰어넘어 갈 수 있는 현상을 의미한다.

앞에서 보여준 입자의 그림에서 상자 속의 알맹이는 $x = 0$, $x = L$ 위치에 있는 무한대의 위치에너지 장벽에 갇혀 있다.

파동의 그림에서는 고무줄의 $x = 0$, $x = L$ 위치를 내가 손으로 꽉 쥐고 $0 < x < L$에서만 고무줄이 출렁출렁 파형을 그린다고 했다.

상자 속의 알맹이는 현실과는 조금 거리가 있는 단순화된 모델이다. 실제 분자나 원자에서 장벽의 위치에너지는 무한하지 않고 유한하다. 상자 속 입자의 운동에너지가 장벽의 위치에너지보다 작으면 입자는 상자 밖으로 빠져나가지 못한다는 것이 고전역학을 기반으로 하는 사고의 결론이다. 아파트 옥상에서 떨어트린 공이 바닥에서 튕겨진 후 아파트를 훌쩍 뛰어넘을 정도로 더 높이 솟아오를 수는 없는 것이다.

　파동의 그림에서 위치에너지가 크긴 하지만 무한대는 아니라는 이야기는 고무줄의 $x = 0$, $x = L$ 위치를 쥐고 있는 손의 힘이 무한대로 세진 않다는 이야기다. 입자의 그림에서 장벽의 위치에너지가 낮아질수록 파동의 그림에서 고무줄을 잡는 손가락의 힘이 점점 약해진다고 볼 수 있다. 줄을 쥐고 있는 손가락의 힘이 약해지면 $0 < x < L$ 구간 안의 고무줄이 출렁일 때 그 구간 밖의 고무줄도 조금씩 출렁거린다. 고무줄의 위치는 어느 정도 고정되어 있으나, 파가 그 구간 밖으로 새어 나간다. 이를 다시 입자의 그림으로 설명하자면 자신의 운동에너지보다 높은 위치에너지 장벽을 넘어서 그 바깥쪽에도 입자의 확률 분포가 존재하게 된다는 것이다. 즉 입자가 장벽 안에서 밖으로 새어 나가게 되며, 이것이 터널링이다. 거시적으로는 미세한 현상이나 이 터널링이라는 현상이 미시적인 세계에서는 두드러진다. 장벽의 두께가 커질수록 새어 나간 입자의 확률 분포는 더 낮아진다. 즉, 두 전극 사이의 틈이 커질수록 터널링 전류는 작아진다.

　터널링을 이용하여 고체 표면을 분석할 수 있다. 나도 앞에서 오비탈의 모양을 실험적으로 형상화할 수 있다는 주사터널현미경이라는 방법으로 이를 이용한 실험 경험이 있고, 필자를 비롯한 많은 화학과 교수님들의 표면과학 관련 강의에서 자세한 설명을 들을 수 있을 것이다.

이전에는 1차원으로 움직이는 상자 속의 알맹이에 대해서 설명했는데, 입자가 3차원 상자 속에 갇혀 3차원 운동을 한다면 양자화된 에너지는,

$$E_x + E_y + E_z = \frac{n^2 h^2}{8 m_p L_x^2} + \frac{m^2 h^2}{8 m_p L_y^2} + \frac{l^2 h^2}{8 m_p L_z^2}$$

이렇게 나타낼 수 있다. 위 식에서는 앞에서와 달리 입자의 질량을 m_p로 표현하였다. 이 식에서 자연수인 m과 l은 n과 같은 양자수이다. 각기 다른 양자수들은 서로 다른 방향(x, y, z)으로의 운동과 연관이 있다. 앞에서 de Broglie 식을 이용하여 위의 에너지 식을 간단히 유도했으나, 이 에너지 식은 상자 속의 알맹이의 상황에 해당하는 파동방정식에서 유도해 낼 수도 있다. 파동방정식에 대해서는 뒤에 더 자세히 설명할 기회가 있을 것이다. E_x, E_y, E_z는 각 방향으로의 운동에너지, L_x, L_y, L_z는 육면체 상자의 각 변의 길이다.

상자가 정육면체라면, (n, m, l)이 $(2, 1, 1)$, $(1, 2, 1)$, $(1, 1, 2)$ 이렇게 세 가지 경우의 운동에너지 $E_x + E_y + E_z$는 같아진다. 이렇게 세 가지의 상태가 'degenerate'되어 있다고 하며, 우리말로 축퇴 또는 퇴화가 되어 있다고 표현한

다. 운동에너지가 커지면 커질수록 퇴화도가 증가하는 경향이 있다.

일반화학에서 배우는 오비탈들도 경우에 따라 퇴화도를 갖는다. 예를 들어 p 오비탈의 자기양자수 m_l은 −1, 0, 1로 외부 자기장이 없는 경우, 이 세 가지의 양자 상태는 에너지가 같기 때문에 이들은 축퇴되어 있다고 할 수 있겠다.

수소 원자 안에 갇혀 있는 전자의 경우에는 상자 속의 알맹이에서 정의하는 간단한 양쪽에 무한대로 높은 벽이 있고 가운데는 평평한(〈그림 8〉의 왼쪽처럼 $0 < x < L$인 경우 위치에너지는 0이고, $x = 0$, $x = L$에서 위치에너지가 무한대인) 위치에너지 상자보다는 좀 더 복잡한 모양의 위치에너지 우물(흔히 영어로 well이라고 표현하며, 그 모양은 〈그림 8〉의 오른쪽이다) 안에 갇혀 있는 상황이다. −를 띠는 전자의 위치에너지는 핵의 +를 띠는 양성자와의 인력에 기인한다. +와 −는 서로 잡아당기고 +/+, −/−는 서로 밀친다. 전자는 핵에서 멀어지면 멀어질수록 인력을 덜 느끼게 된다. 결국 전자의 위치에너지는 핵에서부터의 거리가 멀어지면 멀어질수록 점점 높아진다. 전자가 예를 들어 빛의 흡수 등의 과정으로 충분한 에너지를 받으면 핵으로부터 충분히 멀어지면서 위치에너지 우물 안에서 빠져나올 수 있는데, 이것이 원자가 전자를 하나 잃어 이온화되는 상황이다.

여하튼 이러한 상자보다는 좀 더 복잡한 모양으로 표현되는 수소 원자의 위치에너지 우물 안에 있는 전자에 대한 파동방정식을 풀면(핵-전자 인력의 위치에너지와 전자의 운동에너지를 고려) 우리가 일반화학에서 배우는 오비탈을 규정하는 주양자수(n), 각운동량 양자수(l), 자기양자수(m_l)가 도출되게 된다. 3차원 상자 속의 알

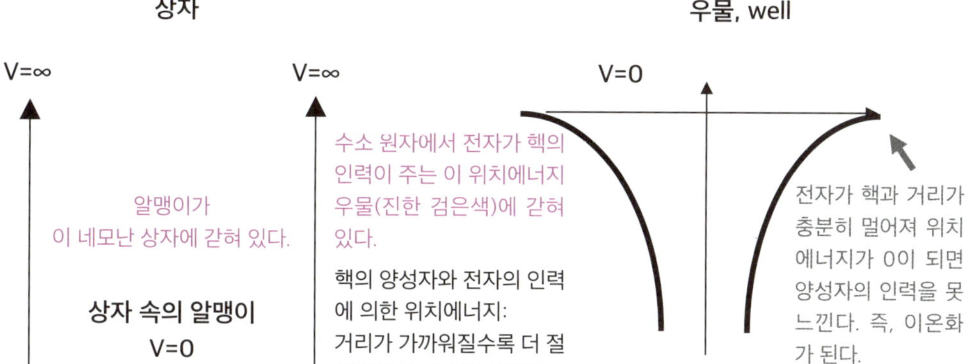

그림 8 왼쪽에는 1차원 상자 속의 알맹이의 좌표에 따른 위치에너지가, 오른 쪽에는 수소 원자 안에 있는 전자의 핵으로부터의 거리에 따른 위치에너지가 1차원으로 도식화되어 있다.

맹이의 운동에너지를 규정하는데 n, m, l 이렇게 3개의 양자수가 필요하고, 수소 원자 안에 갇힌 전자의 에너지를 규정하는 데에도 n, l, m_l 3개의 양자수가 필요하다. 〈그림 8〉은 원래는 3차원인 상자 속의 알맹이와 수소 원자의 위치에너지를 1차원에서 간단히 도식적으로 보인 것이다.

이미 앞에서 많이 언급한 바가 있는 상자 속의 알맹이, 입자의 2차원 회전운동(뒤에서 이에 대해서도 한번 정리를 할 것이다)과 같이 가정적인(hypothetical) 단순화된 상황에서는 파동방정식을 풀지 않고도 de Broglie 식과 경계조건을 고려하여 양자화된 에너지 값(Eigenvalue)을 구할 수 있다(물론 이 두 가지 경우에도 파동방정식을 풀어서 같은 Eigenvalue들을 얻어낼 수 있다. 복잡한 수식을 쓰는 것을 별로 좋아하지는 않으나, 그래도 파동방정식에 대해서 뒤에서 간단히 정리할 기회가 있을 것이다). 아마도 이 두 가지를 제외한 더 복잡한 상황에서 결국 양자화된 에너지 준위에 대한 식을 얻기 위해서는 파동방정식을 풀어야 한다. 앞서 언급한 수소 원자 안에 갇혀 있는 전자에 대한 파동방정식은 전자가 핵의 양성자와 인력에 의해 가지는 위치에너지와 전자의 운동에너지를 고려하게 되며, 이 파동방정식을 풀게 되면 파동함수와 에너지는 세 가지의 양자수(n: 주양자수, l: 각운동량 양자수, m_l: 자기 양자수)로 기술되게 됨을 알 수 있다.

일반화학을 배웠다면 모두 다 잘 알다시피, 이 세 가지의 양자수로 하나의 오비탈이 기술된다. 예를 들어 3p 오비탈에서 $n=3$, $l=1$, $m_l=-1$, 0 또는 1이다. 수소 원자에 전자가 하나 있는 경우에는 n에 의해 에너지가 결정된다. 같은 n을 가지는 오비탈은 모두 같은 에너지 준위에 놓여 있다. 전자의 수가 2개 이상으로 전자

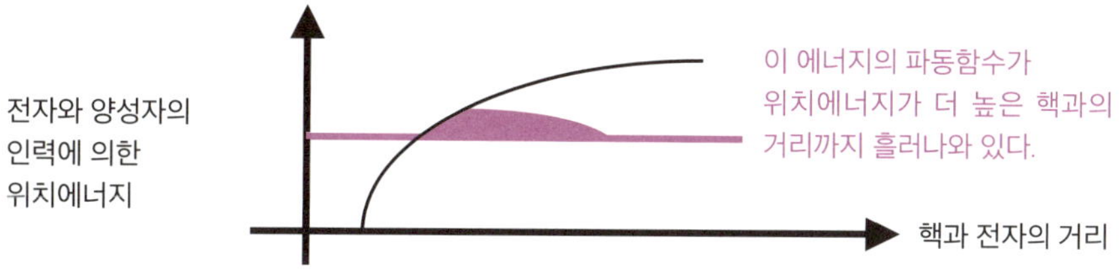

그림 9 〈그림 8〉의 수소 원자 안의 위치에너지 일부가 검은색으로 표현이 되어 있고, 에너지가 상대적으로 낮은 상태에 있는 입자가 자신의 에너지보다 더 높은 위치에너지 장벽을 뚫고 나가 장벽 밖에서 존재할 수 있는 터널링 현상이 자주색으로 표기가 되어 있다.

들끼리의 반발력을 고려해야 한다면, 같은 n을 갖더라도 l이 클수록 에너지가 커진다. 원자 주변에 특정한 방향으로 자기장이 걸리게 되면 n과 l이 같더라도 다른 m_l 값을 가지는 오비탈들의 에너지도 각기 달라진다. 모두 다 일반화학에서 배우는 내용이다.

오비탈은 결국 특정한 n, l, m_l로 규정되는 상태의 파동함수에 대한 제곱값의 90%에 해당하는 영역을 그려놓은 것이다. 특정한 파동함수의 확률 분포의 대부분에 해당하는 영역을 표시해 놓은 것이 오비탈이다. 다른 관점에서 생각하면, 특정한 오비탈 바깥에 그 파동함수의 전자가 존재할 수 있는 확률도 10% 정도는 된다. 전자의 확률 분포는 수소 원자의 핵에서 꽤 멀리 떨어진 곳까지 흘러나가 있다(수소 원자의 핵에서부터 꽤 멀리 떨어진 위치에서도 전자의 확률 분포는 0보다 큰 값을 갖는다). 위치에너지는 핵에서 더 멀어질수록 커지는데, 위치에너지가 그 전자의 에너지보다 더 높은 핵에서 꽤 멀리 떨어진 위치까지 파동함수 제곱의 분포가 흘러나가 있다. 이것이 앞에서 설명한 터널링이라고 할 수 있다(〈그림 9〉).

원자들 또는 이온들 사이의 거리가 서로 간의 반지름(예를 들어 산소 원자의 반지름은 산소 분자의 결합 길이의 반이다)의 합보다 훨씬 먼 상태에서, 이미 서로 간의 파동함수 제곱의 분포는 겹치기 시작한다. 다시 말해 2개의 입자 사이에는 전자가 오갈 수 있게 된다. 이것 역시 앞서 언급한 터널링 현상이다. 충돌이론에 의하면 반응물들이 서로 물리적으로 부딪혀야 그들 간의 화학 반응이 일어나는데, 만약 터널링에 의해 반응물들 사이의 전자 이동이 일어나고 이것이 화학 반응을 유발한다면, 반응물들이 서로 아주 멀리 떨어진 상태에서도 화학 반응이 일어날 수 있다. 이 경우 충돌이론으로 예측하는 것보다 실제 반응속도가 훨씬 빨라진다.

13 양자화학에서 상자 속의 알맹이를 배우는 이유

우리가 양자화학을 배울 때 상자 속의 알맹이, 영어로는 particle-in-a-box를 왜 배울까?

원자, 분자 안에는 전자가 갇혀 있다. 분자의 진동운동도, 회전운동도 다 제한된 공간 안에 갇혀서 이루어지는 운동이다. 분자가 순수한 진동운동이나 회전운동을 할 때 분자 무게중심의 위치는 변하지 않기 때문이다. 이미 앞에서 설명한 바와 같이, 모든 에너지는 양자화되어 있고 더 작은 공간 안에 에너지가 갇히면 양자화는 더 두드러진다. 상자 속의 알맹이에서 상자의 길이 L이 더 작아질수록 인접한 에너지 준위 사이의 에너지 차이가 더 넓어지는 것을 앞에서 보았다.

전자가 원자, 분자에서 가지는 위치에너지나, 분자 진동운동의 위치에너지 등의 좌표에 따른 변화는 상자 속의 알맹이의 상황보다는 좀 더 복잡하다. 상자 속의 알맹이는 실제로 존재하지 않는 아주 단순한 위치에너지의 상자, 즉 상자 안에서는 위치에너지가 0이며 운동에너지만 존재하고 상자의 벽에서는 위치에너지가 무한대인 간단한 상황을 가정하고(뒤에서 배우겠지만 위치에너지가 무한대이면 파동함수 및 확률 분포는 0이다), 이 간단한 상황에 기반하여 에너지가 더 작은 공간 안에 갇히면 양자화가 더 두드러진다는 것을 파동의 도입을 통해 잘 보여준다. 그래서 학생들이 복잡한 실제 분자, 원자의 상황을 배우기 전 에너지 양자화에 대한 개념을 익힐 때 상자 속의 알맹이를 이용한다.

지금까지 설명한 내용 중 다른 건 다 잊더라도 꼭 기억해야 하는 것은 "모든 개체는 입자이면서 파동이고, 파동함수의 제곱은 입자의 확률 분포이며 관찰 전 개체는 확률 분포로 존재한다"는 점이다. De Broglie 식 정도는 기억하자. 입자가 곧 파동이다. "입곧파". 양자화는 파동과 경계조건의 산물이다. 그래서 양자화학을 잘 이해하기 위해서는 파동방정식, 파동함수 등을 배워야 한다. 그런데 그 과정에서 나타나는 수학이 처음 접할 때는 너무 복잡해 보인다. 그래서 양자화학이 어렵게 느껴진다.

그렇지만 그러한 복잡한 양자화학의 수학 기술을 배우기 전에 왜 우리가 미시적인 계를 기술하기 위해 파동함수와 파동방정식을 써야 하는지, 그 이유에 대해 먼저 고민해 본다면, 그런 복잡한 수학적 기술이 양자화학에서 불가피하다는 것을 받아들일 수 있을 것이다. 그리고 조금 더 공부와 연구를 하다 보면, 그러한 양자화학의 수학적인 유도 과정보다는 유도 과정에서 최종적으로 도출된 식과 그 식의 물리적 또는 실험적 의미를 이해하는 것이 실험물리화학 분야에서 더 중요하다는 것도 알게 될 것이다. 이러한 과정에서 양자화학이 조금은 더 친숙하게 다가올지도 모르겠다. 여러분에게도 양자화학이 스며드는 날이 찾아오길 바란다.

14 입자의 2차원 회전운동

상자 속의 알맹이와 더불어 파동방정식을 풀지 않고도 de Broglie 식과 경계조건만을 이용하여 양자화된 운동에너지에 대한 식을 구할 수 있는 시스템으로는 입자의 2차원 회전운동을 들 수 있다. 이 경우 파동은 〈그림 10〉처럼 파장의 0, 1, 2……(양자수 J) 배가 회전운동의 궤적인 원의 원주와 길이가 같아야 한다. 그래야 파가 몇 바퀴를 돌더라도 같은 좌표에서 파의 y축 값(amplitude)이 항상 같아지기 때문이다. 파동함수의 성질은 한 좌표에서 한 y 값만 가질 수 있다. 이것이 2차원 회전운동에서 일종의 제한조건이라고 볼 수도 있겠다.

이런 2차원 회전운동의 궤적인 원의 반지름이 r 이라고 한다면,

$$2\pi r = J\lambda$$

de Broglie 식은 이미 언급한 바와 같이

$$\lambda = \frac{h}{mv}, \ mv = p$$

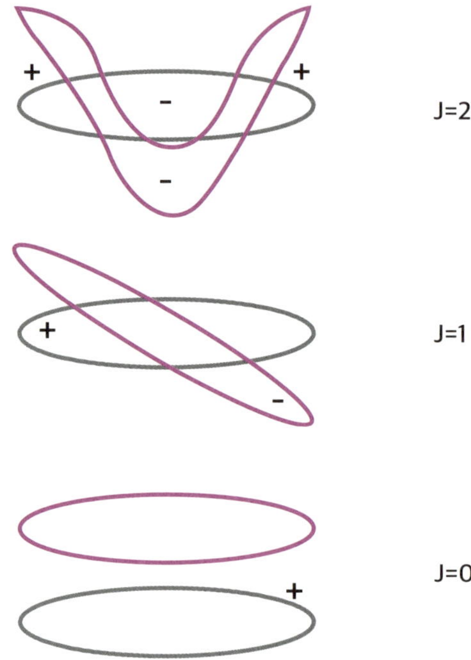

그림 10 2차원 회전운동에서 양자수 J=0, 1, 2의 파동함수가 나타나 있다.

여기서 p는 운동량이다.

결국 위 두 식을 결합하면

$$p = \frac{Jh}{2\pi r}$$

운동에너지는 $E = \dfrac{(p)^2}{2m}$ 이고 결국 위 식을 고려하면,

$$E = \frac{J^2 h^2}{8\pi^2 r^2 m} = \frac{J^2 \hbar^2}{2I}, \ \hbar = \frac{h}{2\pi}, \ I = mr^2$$

위 식에서 I를 관성모멘트(moment of inertia)라고 하며, 이에 대해서는 뒤에 조금

더 설명하겠다.

물론 이 에너지 식은 이 상황에 해당하는 파동방정식을 풀어서도 얻을 수가 있다. 역시 입자의 운동에너지는 양자화가 되어 있으며 J라는 정수인 양자수가 이러한 에너지의 양자화를 나타내 준다. 이러한 에너지의 불연속성은 입자의 파동성과 제한조건 또는 경계조건 때문에 나타나는 것임을 다시 한번 강조한다.

이 식에서 회전운동의 궤적인 원의 반지름(r)이 커지면 커질수록 같은 양자수 J에 대한 에너지는 낮아지고, 인접한 준위 사이의 에너지 차이도 작아지게 되는데, 이는 상자 속의 알맹이에서와 정성적으로 유사하다는 점도 기억하자. 운동할 수 있는 길이 또는 공간이 더 작아지면 작아질수록 양자화가 더 두드러진다.

일반화학에서 빛의 에너지에 대해서 다룰 때 다음과 같은 식을 배운다.

$$E = h\nu$$

여기서 h는 플랑크 상수, ν는 주파수이며 이 식은 $E = \hbar\omega$로 표현할 수도 있는데, 여기서는 $\omega = 2\pi\nu$이며, $\hbar = h/(2\pi)$ 이다.

이 식은 빛의 에너지가 파의 주파수에 비례함을 보여준다. 그런데, 이 식이 빛뿐 아니라 모든 파동에 유효하다. 전자, 분자 등 질량이 있는 입자의 에너지도 그 파동이 1초에 몇 번 출렁거리느냐를 표현하는 주파수에 비례한다.

앞서 몇 번 이야기한 바가 있는 de Broglie 식에 의하면, 파동의 운동량은 파장에 반비례한다. 이 식을 다시 써보면

$$p = mv = \frac{h}{\lambda} = \hbar k_x, \text{ 여기서 } k_x = \frac{2\pi}{\lambda}$$

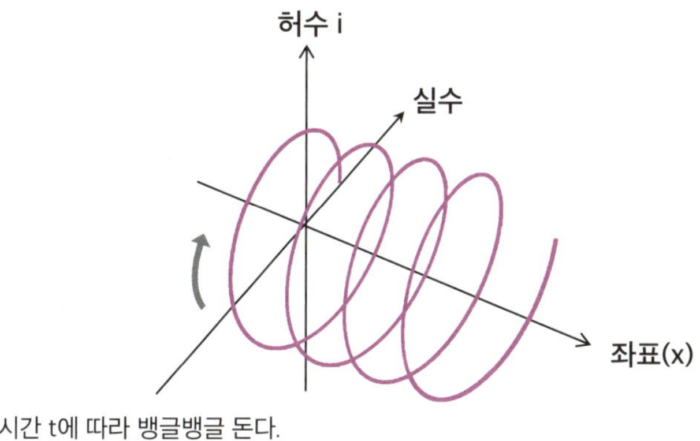

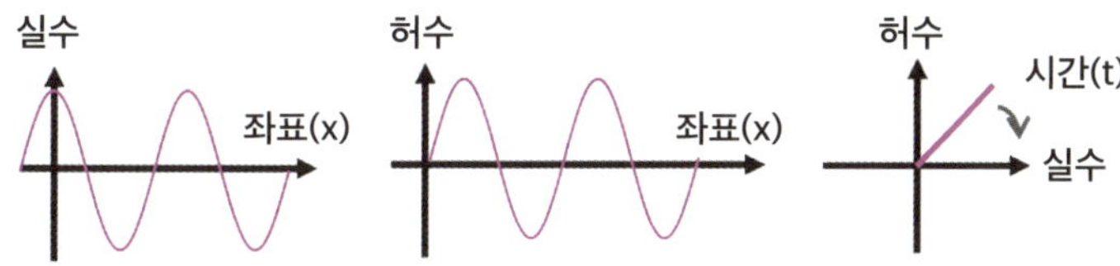

그림 11 위에는 실수와 허수 공간에서 x라는 공간 좌표를 따라서 형성되는 파의 모양. 이 3차원 모식도에 대한 실수와 좌표 2차원, 또는 허수와 좌표에 대한 2차원 파가 아래 왼쪽과 가운데에 나타나 있다. 아래 오른쪽에는 이 파가 시간에 따라서 어떻게 변화하는지가 도식적으로 표현되어 있다.

k_x의 아래 첨자 x는 파가 x축으로만 진행되는 1차원 파임을 의미한다.

이런 1차원 파를 생각한다면 파는 공간 좌표 x(또는 y나 z)축에 따라 출렁거린다. 한 번 출렁거릴 때 x가 얼마나 많이 변하느냐(파가 얼마나 전진하느냐)가 결국 파장 λ이며 운동량은 이와 연관이 있다. 반면 앞에서 설명한 바와 같이 에너지는 파가 1초에 몇 번 출렁거리느냐(진동수 ν)에 따라 결정된다. 운동량은 공간, 에너지는 시간 좌표의 함수가 된다. 우리가 가장 일반적으로 생각할 수 있는 실수와 허수 좌표에서 시간이 지남에 따라, 공간의 좌표 값이 증가함에 따라 주기적으로 출렁거리는 파는 아래 식으로 표현될 수 있다. 이 식의 파를 도식적으로 〈그림 11〉에 나타냈다.

$\Psi \approx \exp[i(k_x x - \omega t)]$ 여기서 오일러식에 의하면 $e^{ix} = \cos x + i \sin x$ 임을 생각해야 한다.

이 파동함수는 시간이 0일 때 실수와 좌표(x) 단면에서는 cosine파, 허수와 좌표 단면에서는 sine파를 보인다. 실수와 허수 단면에서 이 파는 시간(t)에 따라서 시계 방향으로 뱅글뱅글 돈다고 표현할 수 있다. 특정한 위치에서 시간이 증가하며 실수값과 허수값은 cosine파 또는 sine파로 그 값이 위아래로 오르락내리락 한다는 것이다. 사실 이 파의 성질을 〈그림 11〉을 통해 간파하기가 쉽지 않은데, 유튜브에서 이러한 형태의 파동함수가 시간과 공간에 따라서 어떤 형태를 갖는지 다차원적으로 보여준 영상들을 찾을 수 있으니 참고하기 바란다.

파동을 우리가 실수와 허수의 파동으로 기술하면서 우리는 파동함수를 좌표의 함수와 시간의 함수로 완벽하게 분리할 수 있다. 왜냐하면

$$\Psi \approx \exp[i(k_x x - \omega t)] = \exp(ik_x x)\exp(-i\omega t)$$

위와 같이 파동함수가 공간에 대한 지수함수와 시간에 대한 지수함수의 곱으로 정리되기 때문이다. 시간 t=0에서 정지되어 있는 실수-좌표의 cosine파와 허수-좌표의 sine파가 존재하고, 시간이 지남에 따라서 그 파가 〈그림 11〉 위의 3차원 공간을 뱅글뱅글 돌면서 각 좌표의 실수값이 올라갔다 내려갔다 요동을 치고, 사실 이는 실수-공간 좌표 또는 허수-공간 좌표 2차원에서는 파가 앞으로 전진하는 것처럼 표현이 된다. 일반적인 실수의 sine파 또는 cosine파의 함수만으로는 이렇게 파동을 시간과 공간의 함수의 곱으로 나타내는 것이 불가능하다.

이 파동식을 시간에 대해 미분하면 공간에 대한 지수항은 상수가 된다. 그 반대도 마찬가지다. 파동함수를 서로 곱한 후 미적분을 하는 등등의 복잡한 수학적인 계산에서 이러한 허수를 도입한 파동식의 형태는 그 풀이를 매우 간단하게 해줄 수 있다. 실제 우리가 관찰할 수 있는 값은 아니지만(우리가 관찰하는 것은 실수) 허수는 그 도입을 통해 파동식의 공간과 관련된 항과 시간에 관련된 항을 분리시켜

줌으로써, 이 파동식과 관련이 있는 수학적인 기술을 매우 간단하게 해주는 장점이 있다. 사실 허수가 없이는 양자역학의 에너지와 시간에 대한 물리적 의미를 명확히 할 수 없기에, 허수는 단순한 수학적 풀이를 쉽게 해 주는 도구만은 아니다.

다만, 여기서는 그에 대한 더 깊은 논의는 생략한다. time-independent한 파동함수는 $\Psi \approx \exp(ik_x x)$로 표현될 수 있으며, 여기에 시간에 대한 지수항까지 모두 포함하면 time-dependent wavefunction이 된다. 양자화학의 기초에서는 대부분의 경우 time-independent wavefunction을 다루며 시간에 대한 항을 무시한다.

앞에서 파동함수는 다음과 같이 표현될 수 있다고 배웠다.

$$\Psi \approx \exp\left[i\left(k_x x - \omega t\right)\right]$$

이 파동함수는 아래와 같은 식들을 만족시킨다. 간단한 미분에 대한 지식과 바로 앞 소단원에서 기술한 에너지와 주파수, 운동량과 파장의 관계의 조합으로 이해할 수 있는 내용이다. 시간에 대해 미분하면 공간 좌표에 대한 항은 상수가 되며, 공간 좌표에 대한 미분에서는 시간에 대한 항이 상수가 됨을 고려하자.

$$\frac{\partial}{\partial t}\Psi = -i\omega\Psi \quad \rightarrow \quad \hbar\omega\Psi = i\hbar\frac{\partial}{\partial t}\Psi = E\Psi$$

$$-\frac{\partial}{\partial x}\Psi = -ik_x\Psi \quad \rightarrow \quad \hbar k_x\Psi = -i\hbar\frac{\partial}{\partial x}\Psi = p_x\Psi$$

위 식에서 p_x는 x축 방향으로의 운동량이다. 위치에너지가 0인 자유롭게 움직이는 입자에 대해서는 에너지가 운동에너지만 있기 때문에 $p^2/(2m)$로 총에너지가 표현되며 결과적으로 다음과 같이 식은 정리가 된다.

$$i\hbar \frac{\partial}{\partial t}\Psi = -\frac{\hbar^2}{2m}\frac{\partial^2}{\partial x^2}\Psi = E\Psi$$

위 식을 $H\Psi = E\Psi$로 표현할 수 있으며 여기서 H에 해당하는 아래의 항이 운동에너지의 연산자이다.

$$H = -\frac{\hbar^2}{2m}\frac{\partial^2}{\partial x^2}$$

위치에너지가 0이 아닌 경우 H 자리에 들어갈 연산자는 $-\frac{\hbar^2}{2m}\frac{\partial^2}{\partial x^2} + V$가 된다. 즉,

$$-\frac{\hbar^2}{2m}\frac{\partial^2}{\partial x^2}\Psi + V\Psi = E\Psi$$

여기서 V는 좌표에 따라 변하는 위치에너지를 기술하는 함수이다. 총에너지 연산자($-\frac{\hbar^2}{2m}\frac{\partial^2}{\partial x^2} + V$)를 해밀토니안(Hamiltonian)이라고 한다.

이 식을 풀면 적당한 파동함수와 에너지 E를 구할 수 있으며, 이 E는 양자화된 에너지에 대한 수식이다. 우리가 de Broglie 식을 이용해 약식으로 구한 바가 있는 상자 속의 알맹이의 에너지 식도 이런 파동방정식의 해로 구할 수 있다. 수소 원자 전자의 파동함수와 에너지 준위를 구하려면 위 파동방정식 위치에너지 연산자 V 자리에 전자가 수소 핵의 양성자에 의해 느끼는 인력에 대한 아래와 같은 위치에너지 식을 넣고 파동방정식을 풀면 된다.

$$V = \frac{-Ze^2}{4\pi\epsilon_0 r}$$

물론 이 파동방정식을 풀어내기는 수학적으로 굉장히 어렵다. 적어도 실험

물리화학을 전공하는 나에게 이러한 파동방정식을 풀어내는 것은 매우 어려운 일이다. 이런 수소 원자의 파동방정식을 풀어서 얻게 되는 파동함수 제곱의 90%의 경계에 해당하는 것이 우리가 일반화학에서 배운 오비탈이다.

파동방정식을 만족하는 파동함수는 연산자의 고유상태를 나타낸다. 이러한 고유상태의 파동함수들은 무수히 많은 수의 오일러항(앞에서 보여준 가장 간단한 시간과 공간의 파동함수)들의 조합으로 구성할 수 있다. 그래서 이 파동방정식은 일반적으로 다양한 식으로 표현되는 파동함수들에 대해서도 적용할 수 있다.

이렇게 파동함수와 파동방정식을 살펴봤는데, 여기저기 나오는 허수(imaginary number, i)는 여전히 나의 마음을 복잡하게 한다. 수학자들이나 물리학자들이 보기엔 그저 수학에 대해선 일반인에 불과한 나로서는(수학에 대한 대략 기초적인 지식뿐인) 정확히 무엇을 의미하는지 통찰하기 힘든 허수라는 개념을 도입함으로써 비로소 양자화학을, 즉 우주의 미시적 작동 원리를 이해할 수 있다고 하니, 여전히 양자화학은 나에겐 쉽지 않은 학문임에는 틀림이 없다. 실체가 무엇인지 알 수가 없는 허수를 도입해야만 우주의 실체가 보인다고 말할 수 있겠다(학생들의 "뭐래?"라는 소리가 벌써 내 귀에 들리는 것 같다).
사실 나는, 간단히 이야기하자면 허수는 마치 인간의 미래에 나타날 수 있는 잠재력이나 과거의 기억처럼 인간의 지금 겉모습으로는 나타나지 않지만, 그 안에 있는 모습과 비슷하다고 생각한다. 위 오일러식으로 표현되는 〈그림 11〉의 파동의 형상을 보면 실수-좌표 평면에서 지금 시점에서는 안 보이는 허수의 위상은 얼마 전에 실수 평면에서 보였거나 미래에 나타날 실숫값을 반영하고 있기 때문이다. 가끔 양자역학에 나오는 수학은 고전적인 물리의 언어보다는 인간의 감성 등의 언어로 비유하면 이해가 쉬워지는 경우들이 있다. 혹시 이런 부분에 대해 더 토의해 보고 싶은 학생들이 있다면 언제든지 환영한다.

17 파동방정식을 이용한 상자 속의 알맹이 해

앞에서 배운 상자 속의 알맹이에서 $x = 0$, $x = L$인 2개의 상자 벽의 위치에 해당하는 좌표에서 위치에너지 V는 무한대(∞)이다(경계조건). 앞에서 언급한 1차원 운동에너지와 위치에너지를 고려한 파동방정식이 아래에 다시 기술되었는데, 위치에너지가 무한대인 상자의 경계에서는 아래 식을 만족하기 위해서 이 위치에서의 파동함수는 0이 되어야 한다.

$$-\frac{\hbar^2}{2m}\frac{\partial^2}{\partial x^2}\Psi(x) + V(x)\Psi(x) = E\Psi(x)$$

여기서는 1차원 계라는 것을 강조하기 위해 (x)를 표기하였다.

$x = 0$, $x = L$인 경우 $\Psi(x) = 0$

$0 < x < L$ 구간의 상자 내부의 위치에너지 $V(x)$는 0이며(이것이 헷갈린다면 앞으로 돌아가 상자 속의 알맹이에 대한 설명을 다시 읽고 이 부분으로 돌아오길 바란다), 그러면 이 경우의 파동방정식은 다음과 같이 쓸 수 있게 된다.

$$-\frac{\hbar^2}{2m}\frac{\partial^2}{\partial x^2}\Psi(x) = E\Psi(x)$$

x좌표의 왼쪽에서 오른쪽으로 움직이는 파에 대한 파동함수 ke^{ix}와 반대 방향으로 움직이는 파의 파동함수 le^{-ix}를 더하면 1차원 운동에 대한 파의 일반적인 파동함수를 얻을 수 있다. 여기서 $e^{ix} = \cos x + i\sin x$임을 고려하면, 일반적인 파동함수는 아래와 같이 쓸 수 있게 된다. 여기서 파는 시간 t에 의존하지 않으며 좌표에만 의존하는 time-independent한 파동함수로 기술한다. time-dependence는 생략하기로 한다.

$$\Psi(x) = A\sin kx + B\cos kx \qquad A : i(k-l), B : k+l$$

이 소단원의 가장 앞에서 설명한 바와 같이, 경계조건 $x = 0$, $x = L$의 좌표에서 $\Psi(x) = 0$이 되어야 하므로 이를 바로 위에서 기술한 상자 안의 일반적인 파동함수에 적용하면 $kL = n\pi$가 되어야 하고 $B = 0$이어야 한다. 그러면 결국 일반적인 파동함수는 아래와 같이 바뀌게 된다.

$$\Psi(x) = A\sin\frac{n\pi}{L}x$$

이제 A만 구하면 1차원 상자 속의 알맹이에 대한 파동함수를 구할 수 있다. 이를 위해 우리는 정규화(nomalization)라는 것을 고려해 주어야 한다. 앞에서 몇 번 언급했듯이 파동함수의 제곱은 확률 분포를 의미한다. 그렇다면 이 확률 분포를 전 좌표 구간에 대해 적분하면 1이 되어야 한다. 그래서 다음과 같은 식이 성립된다.

$$\int_0^L \left(A\sin\frac{n\pi}{L}x\right)^2 dx = 1$$

자세한 적분 과정은 생략하는데, 고등학교에서 배우는 삼각함수에 대한 식

                                              처음 만나는 물리화학

$(\sin^2 x = \frac{1}{2}(1 - \cos 2x))$과 적분 식을 이용하여 A를 구할 수 있다. 결국 파동함수는 다음과 같게 된다.

$$\Psi(x) = \sqrt{\frac{2}{L}} \sin \frac{n\pi}{L} x$$

이 파동함수 식을 위의 $0 < x < L$ 구간의 파동방정식에 넣고 E를 구하면 아래와 같은 식을 구할 수 있다.

$$E_x = \frac{n^2 h^2}{8mL^2}$$

이 식은 앞에서 파동방정식을 이용하지 않고 de Broglie 식과 경계조건을 이용하여 얻은 식과 같으며 외워두면 좋다고 했던 바로 그 식이다(이 정도가 이 책에서는 가장 어려운 수학이다). 앞에서 이미 약속했듯이 이 책에선 양자화학 전공 수업에서 다루는 복잡한 수학을 다루지 않는다. 이공계 대학생들이라면 이 소단원의 수학적인 과정은 어렵지 않게 이해할 수 있는 것들이니 그냥 읽고 넘어가도 되지만 한번 직접 풀어보는 것도 좋겠다.

터널링: 파동함수 및 파동방정식

〈그림 12〉에는 가운데에 넓이가 L이고$(0 < x < L)$ 해당 구간 안에서 무한대가 아닌 일정한 값의 위치에너지 $V(x)$를 가지는 위치에너지 장벽이 표시되어 있고 그 왼쪽과 오른쪽으로는 위치에너지가 0이고 운동에너지만 있는 구간이 있다. 장벽의 왼쪽에 존재하는 파, 장벽 안의 파, 장벽 오른쪽의 파를 편의상 파 1, 파 2, 파 3이라고 그림에 표기했다(각 파의 수학적인 기술은 〈그림 12〉에 나타나 있다).

파 1은 왼쪽에서 벽을 향해 오른쪽으로 향하는 파(Ae^{ikx})와 벽에 부딪혀서 다시 반사되어 벽으로부터 왼쪽으로 움직이는 파$(B'e^{-ikx})$의 합이다. 파 2는 장벽 안에서 오른쪽으로 또는 왼쪽으로 그 값이 감소하는 파의 합이다. 파 3은 장벽 반대편으로 흘러나가 오른쪽으로 계속 전진하는 파이다. 이 파 1, 2, 3은 연속성을 가져야 한다. 그래야 이 3개의 파가 온전히 하나의 연결된 시스템을 기술할 수 있기 때문이다. 그래서 그 2개의 파가 만나는 좌표에서는 두 파동함수 값과 기울기 값(파동함수의 일차 미분 값)이 같아야 한다. 즉, 〈그림 12〉의 $x = 0$에서 파 1, 2 값과 파 1과 2의 미분 값이 같아야 하고, $x = L$인 위치에서 파 2, 파 3의 값과 그 미분 값이 같아야 한다.

이런 조건에서 A와 A'을 계산하여 얻을 수가 있는데(자세한 유도 과정은 여기서

처음 만나는 물리화학

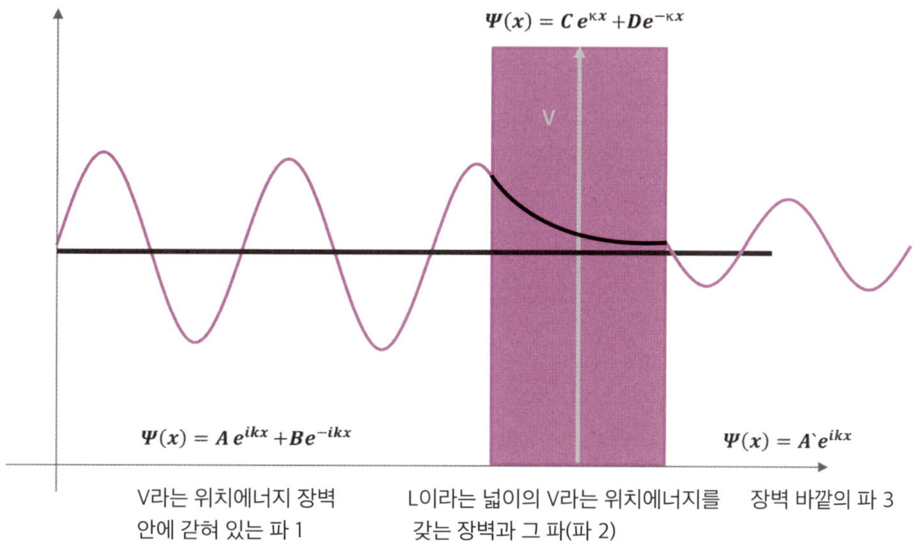

그림 12 터널링 현상에 대한 일반적인 설명. 가운데 V라는 위치에너지를 가지는 두께가 L인 에너지 장벽이 있으며 그 양쪽에는 위치에너지가 0인 구간이 존재한다. 각 구간의 파동함수가 그림에 나타나 있다.

생략한다), A'^2/A^2이 소위 말하는 투과도이다. 이것은 입자가 장벽을 투과하여 장벽 바깥에서 발견될 확률이 장벽을 투과하기 전의 위치에서 발견될 확률 대비 얼마나 크냐에 대한 개념이다. 대략적으로는 장벽의 위치에너지인 $V(x)$가 클수록, 장벽의 넓이인 L이 커질수록 투과율은 낮아진다. 2개의 전극 사이의 얇은 틈 사이로 터널링 전류가 흐를 수 있는데 그 틈(위치에너지 장벽의 넓이)이 커질수록 터널링 전류의 양은 감소한다.

에너지에는 위치에너지와 운동에너지가 있다. 원자는 전자와 핵으로 구성되어 있다. 일반화학에서 배우다시피 양성자나 중성자는 전자보다 대략 2,000배 가까이 더 무겁다. 운동에너지는 $\frac{1}{2}mv^2$ 이고, 운동에너지가 같으면 질량이 무거울수록 속도가 작아진다, 즉 느려진다. 같은 온도에서 전자가 핵보다는 훨씬 더 빨리 움직인다. 그러니 전자가 움직이는 동안 핵의 위치는 고정되어 있다고 보는 근사법의 적용은 타당하다. 전자가 움직이는 동안 핵도 움직이는 것으로 생각했다면 상황이 복잡해졌겠으나, 핵의 위치가 고정된 상태에서 전자만 움직인다고 본다면 전자에 대한 일정한 좌표에서의 위치에너지(핵의 양전하에 의해 전자가 잡아당겨지는 에너지)는 시간이 지나도 고정된다고 볼 수 있기 때문에 상황이 좀 간단해진다.

분자 안에서 전자의 에너지를 좌표에 대해 표현하는 함수는 시간이 지남에 따라 변하지 않고 고정된 위치에너지와 운동에너지로 기술할 수 있게 되어, 결과적으로 빠른 전자와 훨씬 느린 핵의 움직임은 수학적으로 분리를 시킬 수가 있게 된다(Born-Oppenheimer 근사). 이 상황에 대한 파동방정식을 풀게 되면 분자 내 양자화된 전자의 에너지와 파동함수를 구할 수 있는데, 이는 우리가 일반화학에서 배워 잘 알고 있는 분자궤도함수 이론(Molecular Orbital Theory)으로 설명된다. 분자궤도함수 이론은 화학자에겐 매우 중요하며, 만약 이 내용이 잘 기억나지 않는다면 일반화학 교재를 찾아 해당 내용을 읽어보길 바란다. 이 책의 뒷부분에도 독자들이 분자궤도함수 이론은 이미 잘 숙지하고 있다는 전제하에 기술하는 내용이 있다.

이제 전자보다 훨씬 느리게 움직이는 원자핵의 운동이 남았다. 원자의 핵은 작은 점이라고 볼 수 있다. 분자의 원자핵 운동은 작은 점들이 연결된 구조의 운동이라고 볼 수 있다. 어떤 분자가 N개의 원자로 구성되어 있다고 하자. 예를 들어 H_2O에서 N=3이다. 만약 N개의 원자가 각기 따로따로 원자 상태로 있다면 각 원자는 x, y, z축으로 운동에너지를 가지고 움직일 수 있어 각 원자는 3개의 자유도를 가지며 N개의 원자가 있으면 3N개의 자유도가 생긴다.

하나의 분자를 N개의 원자들이 구성하면, 원자들끼리 서로 결합하고 있기 때문에 원자들이 각기 따로 자유롭게 움직일 수는 없게 된다. 그렇다고 하더라도 원래 N개의 원자가 가지고 있는 총 3N개의 자유도는 분자 상태에서도 유지되어야 한다. 즉, 자유도는 보존되어야 한다. 분자가 그 구조적 변화를 보이지 않고 통째로 x, y, z축으로 움직이는 운동이 있는데, 이를 병진운동이라 부르며 이는 3개의 자유도를 갖는다.

분자에는 회전운동이 있다. 하나의 분자가 x, y, z 각기 다른 3개의 축을 중심으로 회전할 수 있어 역시 회전운동의 자유도도 3이다. 다만, 분자가 O_2, CO_2처럼 선형이라면 분자의 원자 배열 방향에 해당하는 분자 결합 축은 유효한 회전축이 될 수 없다. 연필을 선형 분자라고 가정할 때 연필이 구르는 듯한 회전은 관성모멘트가 0이라 유효한 회전이 될 수 없어 선형 분자의 회전운동의 자유도는 2이다(바로 뒤에 이에 대해 조금 더 자세히 설명할 것이다). 결국 총 3N개의 자유도 중 병진운동의 자유도 3과 회전운동의 자유도 3(선형분자의 경우 2)을 제외한 나머지 3N-6(또는 3N-5)은 진동운동의 자유도이다.

가장 간단한 진동운동의 예는 산소와 같은 이원자 분자의 결합 길이가 줄었다 늘었다 하는 것이다. 원자가 3개 이상 있는 분자에서는 더 다양한 진동모드가 있을 수 있다. 진동에너지는 위치에너지와 운동에너지를 고려해야 한다. 핵의 운동은 결국 병진, 회전, 진동으로 이루어진다. 각 운동의 양자화된 에너지 준위와 파동함수는 각 상황에 대한 파동방정식을 풀면 구할 수 있다. 병진운동의 경우 3차원 운동에너지 연산자와 상자의 벽에 무한대의 위치에너지 장벽이 있고 상자 내에서는 위치에너지가 0인 이미 자주 이야기한 상자 속의 알맹이에 대한 파동 방정식, 회전운동의 경우 3차원 회전운동을 고려한 파동방정식, 진동운동의 경우 진동하는 진동자의 위치에너지와 운동에너지를 고려한 파동방정식이다.

결국 분자 내 전자의 양자화된 에너지 준위, 핵의 병진운동 에너지 준위, 회전운동 에너지 준위, 진동운동 에너지 준위가 분자의 에너지를 구성하며 이 에너지들은 모두 양자화가 되어 있다. 병진운동의 경우 상자 속의 알맹이의 상자가 너무 큰 경우(거시적인 세계에서 기체가 자유 운동을 하는 경우이며, 이때 기체가 갇혀 있는 상자 크기는 우리가 눈으로 식별할 수 있는 최소한 수 mm 이상에 해당한다)라 인접한 에너지 준위 사이의 에너지 차이가 너무 작아 에너지 준위가 마치 연속적인 것으로 보이긴 한다. 병진운동을 제외한 나머지, 전자의 분자 내 에너지, 핵의 회전에너지, 핵의 진동에너지 모두 양자화가 뚜렷하고 이 양자화된 에너지 준위가 분광학에서 백색광 중 특정한 파장의 빛을 흡수하게 만들어 분광법에서 쓰이게 된다. 이제 분자의 핵 운동의 에너지 모드 중 아직 다루지 않은 회전운동과 진동운동에 대해 좀 더 자세히 알아보자.

분자의 회전운동

회전운동을 하는 분자 중 가장 간단한 형태인 이원자 분자의 회전운동에 대해서 살펴보려고 한다. m_A라는 질량을 갖는 A 원자와 m_B의 질량을 갖는 B 원자로 이루어진 AB 분자에 대해(예를 들어 HF의 경우 A 원자는 H, B 원자는 F) 해당 이원자 분자의 회전운동에 대한 시간 t에 무관한(time-independent) 파동방정식은 다음과 같이 쓸 수 있게 된다.

$$-\frac{\hbar^2}{2m_A}\left(\frac{\partial^2}{\partial x^2}+\frac{\partial^2}{\partial y^2}+\frac{\partial^2}{\partial z^2}\right)\Psi-\frac{\hbar^2}{2m_B}\left(\frac{\partial^2}{\partial x^2}+\frac{\partial^2}{\partial y^2}+\frac{\partial^2}{\partial z^2}\right)\Psi=E\Psi$$

m_A, m_B는 각 원자의 질량이다. 이 식은 위치에너지는 0인 공간에서 3차원 운동을 하는 한 분자 안에 있는 두 원자에 대한 파동방정식으로, 이렇게만 보면 3차원 상자 속의 알맹이의 위치에너지가 0인 상자 안의 상황과 다를 바가 없어 보인다. 앞에서 위치에너지가 0인, 자유롭게 운동하는 입자의 파동방정식을 본 적이 있는데, 그 파동방정식을 1차원에서 x, y, z 3차원으로 확장하고, A, B 두 개의 원자에 적용한 것이 위 식이다.

　여기서 우리가 환산 질량(μ)이라는 개념을 도입할 수 있는데 다음과 같이 환산질량 μ를 정의한다.

$$\frac{1}{\mu} = \frac{1}{m_A} + \frac{1}{m_B}$$

그러면 위 식은 질량 μ를 갖는 단일 입자의 3차원 운동에 대한 식처럼 아래와 같이 바뀐다.

$$-\frac{\hbar^2}{2\mu}\left(\frac{\partial^2}{\partial x^2} + \frac{\partial^2}{\partial y^2} + \frac{\partial^2}{\partial z^2}\right)\varPsi = E\varPsi$$

여기서 회전운동에 대해서는 한 가지 조건이 있는데, 이는 원점으로부터 각 원자까지의 거리, 즉 회전 중심으로부터의 거리 $x^2 + y^2 + z^2$는 일정한 상수여야 한다는 것이다. 분자 안에 두 원자가 결합하고 있기 때문에 각 원자는 원점으로부터 항상 일정한 거리만큼만 떨어져 있다. 여기서 원점은 분자의 무게중심이다. 이는 환산질량 μ를 갖는 단일 입자가 원점으로부터의 거리 r을 유지하는 회전운동으로 볼 수도 있다.

이제 (x, y, z) 좌표를 〈그림 13〉처럼 $(r, \theta, \varPhi)$의 좌표로 바꾼다. 두 좌표계 사이의 관계는 $x = r\sin\theta\cos\varPhi$, $y = r\sin\theta\sin\varPhi$, $z = r\cos\theta$, $x^2 + y^2 + z^2 = r$로 여기서 r은 상수가 된다.

그러면

$$\frac{\partial^2}{\partial x^2} + \frac{\partial^2}{\partial y^2} + \frac{\partial^2}{\partial z^2} = \frac{\partial^2}{\partial r^2} + \frac{2\partial}{r\partial r} + \varLambda^2, \ \text{여기서} \ \varLambda^2 = \frac{1}{\sin\Theta^2}\frac{\partial^2}{\partial\phi^2} + \frac{1}{\sin\theta}\frac{\partial}{\partial\theta}\sin\theta\frac{\partial}{\partial\theta}$$

이런 식이 나오게 되고, 이걸 다시 위의 파동방정식에 넣고 풀면 되는데, 여기서부터는 수학적으로 정말 복잡해진다. 물리화학을 전공하는 나도 30여 년 전 학부를 다니며 양자화학 시간에 학부 졸업하기 전에 이런 식을 한번 풀어보는 것은 의미가 있다는 교수님의 이야기를 듣고 막 풀었던 기억이 흐릿흐릿하게 있는 것이 다

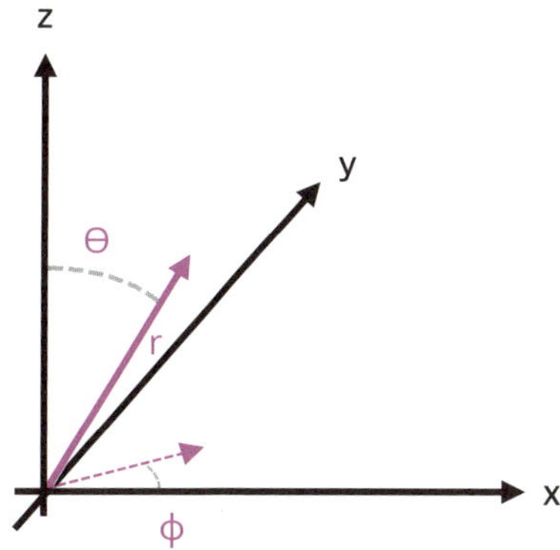

그림 13 (x, y, z) 좌표와 (r, θ, φ) 좌표의 관계가 도식적으로 나타나 있다. 자주색 벡터의 길이가 r, 이 벡터와 z축 사이의 각도가 θ, 이 벡터의 x-y 단면의 projection과 x축 사이의 각도가 φ이다.

인데, 이제는 그 기억이 맞는지조차도 의심스럽다. 여기서 더 자세한 수학적 기술은 생략하기로 한다.

여하튼 이런 식을 풀면 나오는 양자화된 에너지 준위를 기술하는 식은 다음과 같다.

$$E = hcBJ(J+1),\ B = \frac{h}{8\pi^2 Ic}$$

여기서 J 는 0, 1, 2,…… 등의 정수로서 각 J 는 $2J+1$개의 퇴화도를 갖는다. 이는 마치 전자의 원자 오비탈에서 각운동량 양자수 l 하나당 자기 양자수가 2l+1 개가 있는 것과 마찬가지다. I 는 관성모멘트로 μR^2 (R 은 이원자 분자의 결합 길이)이다.

수학적인 기술들을 대폭 생략하는 것에 대해 변명을 좀 하자면, 실험 물리화학을 전공하는 나에겐 수식 전개의 자세한 과정보다는 식이 어떤 상황을 기술하는, 어떤 에너지를 기술하는 어떤 연산자를 이용한 파동방정식에서 출발하여 유도된 것이며, 그 최종적으로 구해진 양자화된 에너지 준위를 기술하는 식이 무엇인가와 이를 이용하여 실험적으로 얻은 분광학 데이터를 해석하는 방법을 잘 아는 것이 더 중요하기 때문이다.

위에서 언급한 이원자 분자의 관성모멘트 I는 다음과 같은 식으로 표현할 수 있다(〈그림 14〉).

$$I = m_A r_A^2 + m_B r_B^2 \text{(관성모멘트의 정의)}$$

$$m_A r_A = m_B r_B \text{(무게중심)}, \quad R = r_A + r_B \text{(결합 길이)}$$

바로 위 식들을 조합하면

$$\frac{r_A}{R} = \frac{m_B}{m_A + m_B}$$

$$I = \frac{m_A m_B^2 R^2}{(m_A + m_B)^2} + \frac{m_B m_A^2 R^2}{(m_A + m_B)^2}$$

결국 이 식은 앞에서 이야기한 바와 같이 $I = \mu R^2$이 된다. 여기서 환산질량 μ는 앞서 이미 정의한 바 있다.

이원자 분자의 경우 〈그림 14〉 오른쪽의 3개의 축(x, y, z) 중 2개는 유효한 회전축이나 결합과 같은 방향의 축은 유효한 회전축이 아니다. 회전축의 중심과 질량이 있는 점(원자)의 위치가 같아 회전 반경 r 및 관성모멘트 I가 0이어서 그렇다. 이와 같이 선형 분자는 2개의 회전 자유도를 갖는다. 여기서 2개의 유효한 회전축 주위로의 회전은 회전 속도가 같으면 회전운동량 또는 에너지는 같다 ($J_x = J_y, E_x = E_y$).

이원자 분자의 회전운동에너지의 경우 고전역학적 기술을 살펴보면

$$E = \frac{1}{2} I_x \omega_x^2 + \frac{1}{2} I_y \omega_y = \frac{\check{L}_x^2}{2I_x} + \frac{\check{L}_y^2}{2I_y}$$

$\check{L}_x^2 + \check{L}_y^2 = \check{L}^2$이라고 한다면, $I_x = I_y$이므로(이원자 분자의 각기 다른 회전축의 관성모멘트는 같다)

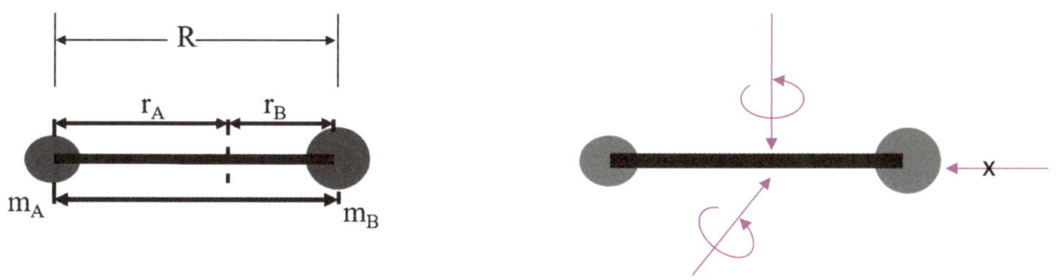

그림 14 왼쪽에는 이원자 분자의 무게중심과 각 원자 사이의 거리(r_A, r_B)와 원자 간 거리(R), 즉 결합 길이가 표현되어 있다. m_A, m_B는 각 원자의 무게이다. 오른쪽에는 이원자 분자의 유효한 회전축 2개가 표기되어 있고, X로 표기한 축은 관성모멘트 I가 0으로 유효한 회전축이 아니다.

$$E = \frac{\check{L}^2}{2I}$$

이다.

앞에서 이원자 분자의 회전운동의 양자화된 에너지 준위는

$$E = hcBJ(J+1), \ \ B = \frac{h}{8\pi^2 Ic}$$

정수인 각 J마다, $2J+1$의 퇴화도로 기술된다고 했다. 결국 이 고전적인 식과 양자화학적인 에너지 식을 비교해보면 고전적인 각운동량 $\check{L}$가 양자화학적으로는 $\frac{h}{2\pi}\sqrt{J(J+1)}$로 기술됨을 알 수 있다. 여기서 각운동량 양자수 J는 $2J+1$의 퇴화도를 가짐을 절대 잊으면 안 된다. 위 양자화된 회전운동 준위의 식을 거시적인 세계에 적용해보면 어떨까? 거시적인 세계의 물체에 대한 회전운동 관성모멘트 I가 너무 크기 때문에, 인접한 에너지 준위들은 거의 연속적인 것처럼 보이게 된다.

위 양자화된 회전운동에너지 식은 다음과 같이도 표현될 수 있다.

$$\frac{E}{hc} = BJ(J+1)$$

J는 정수라는 점, 양자화된 에너지 준위는 위 식으로 기술된다는 점, 각 J마다 퇴화도가 $2J+1$이라는 점을 고려하여 이원자 분자의 양자화된 회전운동의 에너지 준위는 다음 〈그림 15〉와 같이 그릴 수 있다. 각 J의 에너지와 퇴화도가 〈그림 15〉에서 올바르게 표현되어 있는지 꼼꼼하게 따져보기 바란다.

인접한 에너지 준위 사이의 파수($E/(hc)$) 차이는 $2B$, $4B$, $6B$……에 해당한다 (〈그림 15〉). 즉, 이원자 분자가 바닥상태에서는(예를 들어 0K 또는 그와 근접한 온도에서) 회전을 하지 않다가 2B에 해당하는 에너지의 빛을 흡수하면 $J=1$인 상태로 천천히 회전하고, 여기서 4B에 해당하는 빛의 에너지를 흡수하면 $J=2$인 상태로 좀 더 빨리 회전하게 되는 이런 식이다. 그러면 이원자 분자는 회전운동만 고려한다면 $2B$, $4B$, $6B$, $8B$…… 파수에 해당하는 에너지의 빛만 흡수할 수 있다. $J=0$에서 $J=2, 3, 4$……로는 전이가 일어날 수 없으며, $\Delta J=\pm 1$인 전이만 가능한데, 이에 대해서는 2장에서 더 자세히 설명하겠다.

결국 이원자 분자가 회전운동의 전이를 일으키기 위해 어떤 파장의 또는 어떤 에너지의 빛을 흡수하는지를 실험적으로 알아낸다면 그 분자의 B를 알아낼 수 있다. 이를 분자의 회전상수라 한다. 회전상수 B는 앞서 식으로 보여준 것처럼 분자의 관성모멘트 I와 관련 있으니, 결국 이원자 분자가 회전운동의 전이를 일으키기 위해 필요한 빛의 파장 내지 에너지를 알아내면 그 분자의 관성모멘트를 알 수 있다. 이 관성모멘트는 각 분자마다의 고유의 값이기 때문에 결국 그 이원자 분자가 어떤 분자인지 알 수 있다.

유리로 이루어진 상자 안에 기체가 채워져 있다고 가정하자. 여기에 빛을 쪼여준 후 어떤 에너지의 빛이 상자 안에서 흡수되는지를 알아낼 수 있다면, 그 기체의 회전상수와 관성모멘트를 알 수 있게 되고, 결국 그 기체를 구성하는 분자의 구조를 알아낼 수 있다. 미지의 기체의 빛 흡수 패턴을 분석하여 어떤 기체인지를 식별해 낸다는 것이다. 예를 들어 대기 중에 몸에 해로운 기체가 일부 존재하는데, 그 기체가 무엇인지를 알아야 해결 방법을 찾을 수 있다면, 그 기체를 유리 상

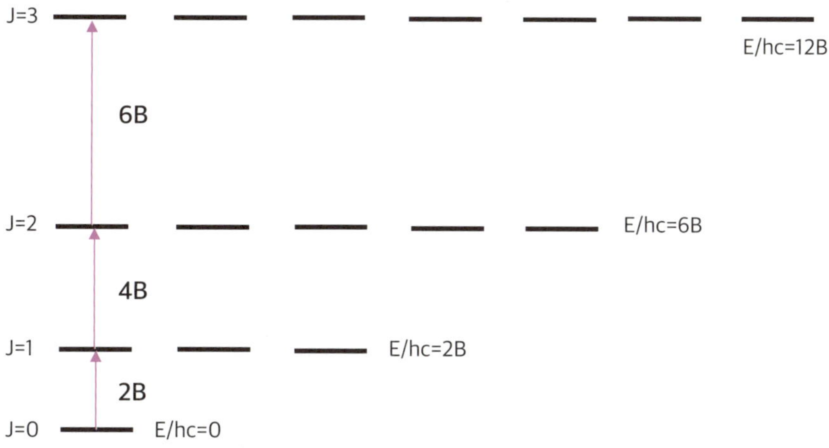

그림 15 이원자 분자의 회전운동에 대한 양자화된 에너지 준위가 도식적으로 표현되어 있다. 에너지를 hc로 나눈 값인 파수로 에너지 준위가 표시되어 있다.

자 안에 가둔 뒤 빛을 쪼여 빛의 흡수 패턴을 얻고 분석하면 된다.

분자가 선형이 아니면 더 복잡해진다. 이 경우 분자의 회전운동에너지는 2개 또는 3개의 회전상수로 기술된다. 각 회전축 주위로의 회전에 대한 관성모멘트가 각기 달라지기 때문이다. 여기에 대해선 더 자세한 설명은 생략하기로 한다. 이 책에서는 대부분의 경우 가장 간단한 이원자 분자의 운동에 대해서만 기술하고자 한다. 이원자 분자의 운동에 대한 기술을 기반으로 더 복잡한 분자들에 대한 운동을 이해하는 것은 독자들의 상상력에 맡기도록 하겠다. 아마도 물리화학 관련 전공 수업에서 접할 수 있는 내용일 것이다.

21 분자의 진동운동(조화진동자)

회전운동과 마찬가지로 진동운동의 가장 간단한 예도 이원자 분자의 진동운동이다. 원자 2개가 용수철에 매달려 있고 용수철의 길이가 늘었다 줄었다 하는 운동을 반복하는 상황을 생각해 보자(〈그림 16〉). 아래의 설명은 〈그림 17〉과 〈그림 18〉에 도식적으로 표현되어 있는데, 설명이 잘 이해가 되지 않는다면 그림을 함께 보길 바란다.

용수철에 가해지는 힘 $F = -k(R - R_e)$이다. 여기서 R_e는 용수철에 아무 힘도 가하지 않았을 경우에 두 원자 간의 또는 용수철의 길이, R은 실제 용수철의 길

그림 16 이원자 분자의 진동운동에 대한 모식도이다. 원자가 용수철로 연결되어 그 길이가 늘었다 줄었다 하는 것으로 이원자 분자의 진동운동을 표현할 수 있으며 그 진동운동의 힘에 대한 식이 오른쪽에 표시되어 있다. F는 힘, R은 원자 간 거리, R_e는 위치에너지가 가장 낮은 경우의 원자 간 거리(우리가 흔히 알고 있는 결합길이)로 용수철에 힘을 가하지 않은 경우에 해당하는 거리이다. k는 용수철의 힘상수이다.

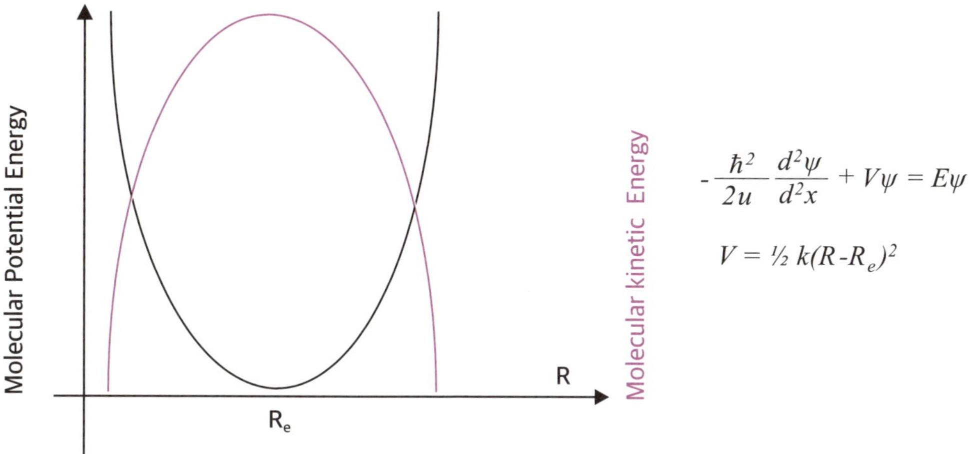

$$-\frac{\hbar^2}{2u}\frac{d^2\psi}{d^2x} + V\psi = E\psi$$

$$V = \tfrac{1}{2}\,k(R - R_e)^2$$

그림 17 〈그림 16〉의 이원자 분자의 원자 간 거리 변화에 따른 위치에너지와 운동에너지의 변화가 각각 검은색과 자주색으로 표기되어 있다. 오른쪽에는 이러한 조화진동자의 파동방정식과 위치에너지의 거리에 대한 변화(파동방정식의 위치에너지 연산자)를 표현하는 함수가 나타나 있다.

이, k는 용수철 고유의 힘상수이다. R_e는 우리가 흔히 알고 있는 결합 길이이다. 힘상수 k가 크면 같은 길이를 늘어나게 하거나 줄어들게 하는데 더 큰 힘이 가해져야 한다. 더 팽팽한 길이를 늘이기 힘든 용수철은 힘상수 k가 큰 용수철이고, 느슨하고 길이를 늘어나게 하기 쉬운 용수철은 힘상수 k가 작은 용수철이다. 용수철의 길이 R을 R_e보다 늘어나게 할 때와 줄일 때 반대 방향의 힘이 가해지기 때문에 힘의 부호도 달라지게 된다. 힘상수 k는 분자 결합력이 클수록 더 커지게 된다.

용수철 길이의 변화에 따른 위치에너지 $V = -\frac{1}{2}k(R - R_e)^2$이다. 이는 〈그림 17〉 검은색 커브와 같이 나타낼 수 있다. 고전역학의 진동운동에서 운동에너지는 위치에너지가 감소하면서 증가하며(자주색 커브) 각 좌표의 위치에너지와 운동에너지의 합은 항상 같다. 용수철을 길게 늘어뜨린 뒤 탁 놓으면 길이가 늘었다 줄었다 하는 진동운동을 반복하며 위치에너지는 낮아졌다 높아졌다 〈그림 17〉의 검은색 커브 궤적을 따라 좌우로 이동한다. 조금 더 자세히 설명하자면, 센 힘으로 잡아당겨 길이를 길게 만든 용수철을 탁 놓으면 길이 R이 줄어들면서 용수철의 움직임이 점점 빨라져서 $R = R_e$가 되면 위치에너지가 최소가 되고 그때 용수철이 가장 빨리 움직인다. 즉 운동에너지가 가장 높아지게 된다. R_e보다 용수철의 길이가 더 짧아지면서 용수철의 위치에너지가 증가하며 운동에너지는 감소한다. 용수철의 길이가 충분히 짧아지면 운동에너지는 0이 되고, 즉 용수철은 움직임을 멈추고 그때 위치에너지는 최대가 된다. 이후 다시 용수철은 반대로 움직이며 다시 길이가 길어지면서 위치에너지는 감소하고 운동에너지는 증가한다. 이러한 운동을 반복하는 것이 고전적인 진동운동이다. 마치 〈그림 17〉의 위치에너지 커브를 입자 하나가 롤러코스터처럼 타고 오르락내리락하는 것으로 진동운동의 위치에너지의 시간에 따른 변화를 표현할 수 있다.

　이 상황에 대한 파동방정식을 풀면 우리는 양자화된 진동에너지 준위에 대한 식을 E, 즉 eigenvalue로 얻을 수 있다. 1차원 진동운동의 파동방정식은 〈그림 17〉 오른쪽에 있는 바와 같은데, 여기에는 운동에너지에 대한 연산자와 위치에너지가 모두 포함되어 있다. 진동운동에서는 위에서 설명한 바와 같이 운동에너지와 위치에너지가 모두 고려되어야 하기 때문이다. 병진운동과 회전운동에서는 운동에너지만 고려했는데, 진동운동에서는 위치에너지까지 고려해야 됨을 주목하자. 이는 뒤에 3장 통계열역학의 균등 분배 원리에서 중요해진다.

　물론 이 상황은 아주 단순화된 진동의 상황으로, 실제 분자는 이보다는 조금 더 복잡한 분자 길이에 따른 위치에너지 변화에 대한 함수를 갖는다. 지금까지 기술한 것처럼 대칭적인 위치에너지 함수로 표현되는 진동운동에 대해 조화진동자 내지 조화근사법을 적용했다고 한다. 반면 이와 달리 실제 분자 원자들의 서로 간의 상대적 위치 변화에 따른 위치에너지의 변화에 더 근접한 수학적 기술을 사용할 때, 우리는 비조화성을 도입한다고 한다. 2장 분광학 분야에서 이에 대해 조금 더 자세히 다루도록 하겠다.

　이 조화진동자 파동방정식을 풀면 우리는 양자화된 진동에너지에 대한 아래와 같은 수학적 표현을 얻을 수가 있다. 이 식은 〈그림 18〉에도 표기되어 있다.

$$E = (n + \frac{1}{2})\hbar\omega$$

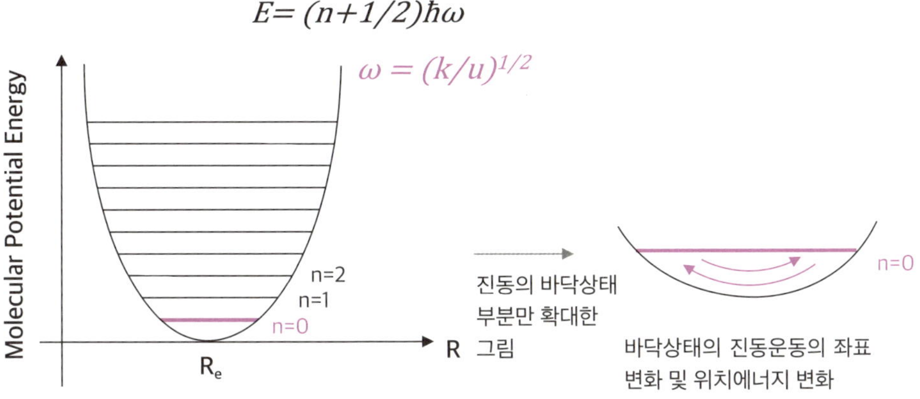

그림 18 〈그림 17〉에서 보여준 위치에너지 그래프와 파동방정식의 해로 얻어진 양자화된 에너지 식과 각 양자수의 에너지 준위의 도식적 표현이 왼쪽에 있다. 오른쪽은 특정한 양자수에서 진동 운동에 따른 에너지와 거리의 변화의 반복을 화살표로 표현하였다.

여기서 n은 정수이다. 회전운동에서의 J와 같은 양자수이다. 단, 여기서는 모든 에너지 준위는 다 퇴화도가 1이다. $n = 0$이면 $E = \frac{1}{2}\hbar\omega$, $n = 1$ 이면 $E = \frac{3}{2}\hbar\omega$ …… 등이다. 인접한 에너지 간격 간의 차이는 $\hbar\omega$, 즉 $\hbar\omega$에 해당하는 에너지를 가지는 빛을 흡수하면 진동운동의 전이가 일어난다. 즉, 낮은 진폭으로 또는 더 작은 R의 변화로 진동하다가 $\hbar\omega$에 해당하는 에너지의 빛을 흡수하면 더 높은 위치에너지의 양자준위에 도달하면서 더 큰 진폭을 가지고 진동한다. ω는 〈그림 18〉에 표현되어 있듯이 진동자의 힘상수와 환산질량에 의존한다. 결국 어떤 파장의 빛을 진동운동이 흡수하는지를 분광학적으로 연구하면 ω를 알 수 있고, 이 값이 화학 결

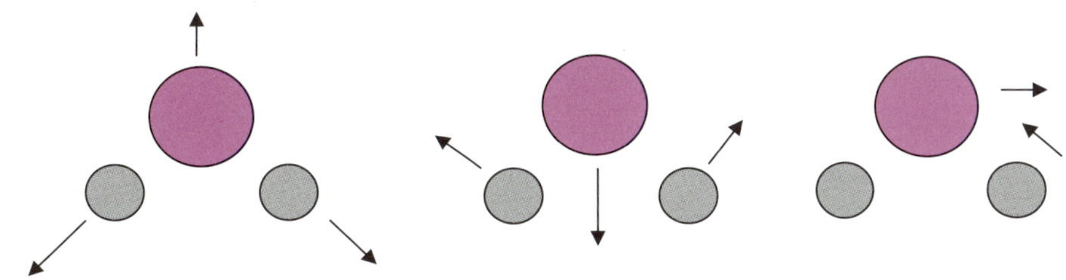

그림 19 물 분자의 세 가지 진동모드가 표현되어 있다.

합 또는 진동모드에 따라 달라지기 때문에 결국 이 값으로부터 관찰하는 분자의 구조에 대한 정보를 얻어낼 수 있다.

〈그림 19〉는 3개의 원자로 이루어진 물 분자의 진동모드에 대해 나타내고 있다. 물은 3N-6의 진동운동 자유도를 가지고 N=3이기 때문에 3개의 진동모드를 가진다. 각 진동모드는 각기 다른 ω 값을 가지며 결국 다른 에너지의 빛을 흡수한다.

앞에서 병진운동과 회전운동의 경우 거시적인 세계에서는 왜 에너지 준위가 연속적인 것처럼 보이는지 살펴보았다. 진동운동의 경우에도 거시적인 진동의 에너지 준위는 연속적인 것처럼 보이는데, 그 이유는 각자 고민해 보기 바란다.

이원자 분자의 에너지에 대한 정리

- **분자 내 전자의 에너지**: 일반화학 1에서 배우는 분자궤도함수 이론
- **핵 운동의 에너지 1**: 자유도 3의 병진운동. 1차원 운동에너지의 식은 다음과 같이 기술된다.

$$E_x = \frac{n^2 h^2}{8mL^2}$$

상자 속의 알맹이를 생각하라.

- **핵 운동의 에너지 2**: 자유도 2(비선형 분자는 3), 회전운동.

$$E = hcBJ(J+1), \ B = \frac{h}{8\pi^2 Ic}, \ \text{각 } J \text{마다 } 2J+1\text{의 퇴화도}$$

- **핵 운동의 에너지 3**: 자유도 3N-5(비선형 분자는 3N-6), 진동운동.

$$E = \left(n + \frac{1}{2}\right)\hbar\omega, \ \omega = \sqrt{\frac{k}{\mu}}$$

SPECTRO
SCOPY

2장

분광학,

하루에 1시간씩,

1주일만 공부하면

화학과 교수만큼

이해할 수 있다.

1장에서 배운 양자화학에 좀 익숙해졌다면 이제 분광학을 공부해 보자. 2장에서는 분광학의 기초적인 내용을 간단히 정리해 보려고 한다. 분광학을 이해하기 위해서는 양자화학에 대한 기본 지식을 필수로 갖추고 있어야 한다.

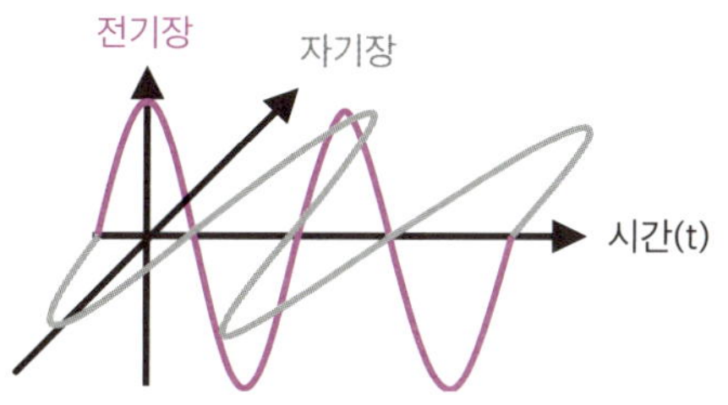

그림 20 빛이 전자기파임을 보여주는 모식도이다.

일반화학에서 배우고 앞에서도 설명한 바와 같이 빛은 파동성을 지닌다. 빛은 전자기파인데, 다시 말하자면 빛은 전기장의 파동과 자기장의 파동으로 구성되어 있다(〈그림 20〉). 전기장의 파동과 자기장의 파동은 서로 수직 방향으로 형성되는데, 화학 분야의 분광학에서는 대부분 전기장의 파동, 즉 전기파가 중요하다(〈그림 21〉의 왼쪽). 주파수 ν는 1초에 파가 몇 번 반복되느냐이며, 단위는 s^{-1} 또는 Hz이다. 파장 λ는 한 번 파가 출렁이면서 얼마나 먼 거리를 전진하느냐(propagate)이며, 단위는 거리의 단위와 같다(예를 들어 m). 파장과 주파수를 곱하면 빛의 속도 $c = 3 \times 10^{8}$m/s로 일정한 값이 된다. 빛 입자인 광자의 에너지는 다음과 같다.

$$E = h\nu = \frac{hc}{\lambda}$$

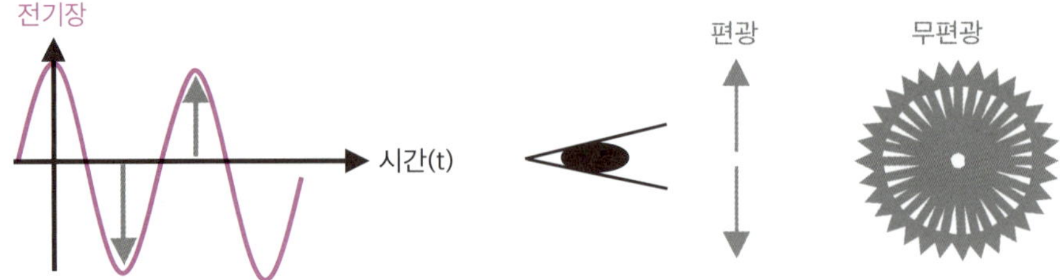

그림 21 빛의 시간에 따른 전기장의 변화가 왼쪽에 표현되어 있고 오른쪽에는 관찰자를 향해 전진해오는 빛의 전기장을 관찰할 경우(가운에 전진하는 전기파에 대한 관찰자의 눈이 표현되어 있다) 편광된 빛과 그렇지 않은 빛의 전기장의 방향에 대한 차이를 도식적으로 표현하였다.

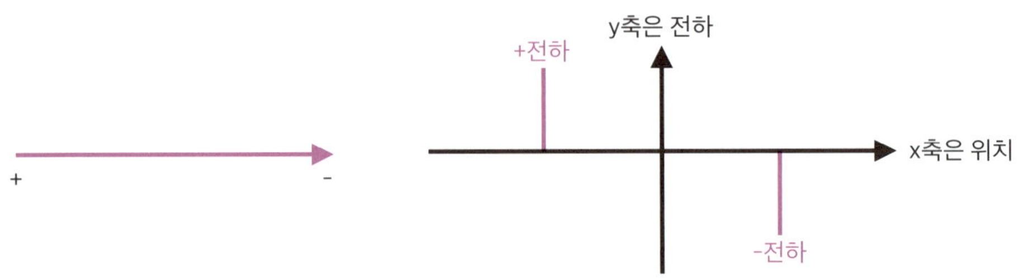

그림 22 빛의 전기장에 대한 도식적인 설명이다. 빛의 전기장 벡터는 벡터의 한쪽에는 +, 다른 반대편에는 - 전하가 있는 것으로 볼 수 있다. 사실 이는 화학자의 빛과 분자의 상호작용에 대한 이해를 돕기 위한 그림으로, 실제 전기장의 물리적 의미와는 조금 다르다. 이에 대해서는 본문을 참고하기 바란다.

〈그림 21〉에서 화살표로 표시된 것은 전기장 벡터이며, 이것이 위아래로 방향을 주기적으로 바꾸는 것이 전기파, 즉 빛의 구성 요소 중 하나이다. 시간에 따라 앞으로 나아가는 전기파를 전진 방향의 정면에서 바라볼 때 이 전기장 벡터가 한쪽으로 서 있으면 빛이 편광(polarization)되어 있는 것이고, 벡터가 여러 방향으로 존재하면 편광되어 있지 않은 것이다(〈그림 21〉 가운데와 오른쪽).

〈그림 21〉에서 회색으로 표기한 수직 방향으로 서 있는 벡터(전기장 벡터)를 90° 회전시켜 눕힌 후 〈그림 22〉 왼쪽에 그려 놓았다. 이 벡터는 + 점전하와 - 점전하를 잇는다. 이를 하나의 함수로 표현하면 〈그림 22〉의 오른쪽과 같이 표현할 수 있다.

어떤 함수가 $f(x) = -f(-x)$를 만족하면 홀수 함수, 즉 odd function(정식 명칭은 기함수이나 여기서는 odd function으로 칭한다)이라고 한다(예를 들어 $y = x$). Odd function은 $x = 0$, $y = 0$에 해당하는 원점을 기준으로 하나의 함수 값 반대편에도 해당 함수의 값이 있다. $f(x) = f(-x)$이면 짝수 함수, 즉 even function이다(정식 명칭은 우함수. 예를 들어 $y = x^2$). Even function은 $x = 0$에 해당하는 y축에 대한 대칭 형태를 가진다. Odd function을 x축 전구간(-무한대부터 +무한대까지)에 대해 적분하면 0이 된다. Even function의 해당 적분값은 0이 아니다. 빛의 전기파는 위에서 보듯이 odd function이다. 이는 뒤에 분광학의 전이 과정을 이해하기 위해 매우 중요하다(사실 빛의 전기장은 자기장에 의해서 유도가 되며 자기장은 전기장으로부터 유도가 된다. 이렇게 자기장과 전기장이 서로를 유도하는 것이 빛이 전진하는 방식이다. 빛에는 전하가 존재하진 않는다. 전기장은 위치 벡터로 표현되며 위치 벡터는 좌표의 부호가 바뀌면 방향이 반대가 되어 결국 전기장이 odd function임을 설명하는 것이 올바르다. 다만, 이 책에서는 분자의 한 편에는 + 전하가, 다른 한편에는 − 전하가 놓여 있는 것으로 분자와 빛의 순간적 상황을 묘사하여 서로 간의 상호작용에 대한 이해를 돕고자 한다. 이는 양자화학을 처음 접하는 학생들이 복잡한 물리 개념 없이 빛과 분자의 상호작용을 쉽게 연상하게 하기 위함이다. 뒤에도 '빛의 쌍극자 모멘트' 등 물리적으로는 올바르지 않은 표현을 사용하기도 하는데, 이에 대해 물리에 대한 더 깊은 지식을 가지고 있는 독자들의 양해를 바란다. 전자기장에 대해 처음 접하는 독자들은 이 문단의 글은 무시하여도 좋다).

빛은 에너지, 주파수 또는 파장에 따라서 다음과 같이 나뉜다.

라디오파 < 마이크로파 < 적외선 < 가시광선 < 자외선 < 극자외선 또는 연엑스선 < 엑스선 < 감마선

라디오파가 가장 에너지가 낮고 감마선이 에너지가 가장 크다. 라디오파는 핵자기공명(Nuclear Magnetic Resonance, NMR)이라는 분광법에서 사용하는 빛이며 대략 파장이 수백~수천 미터 또는 그 이상이라고 할 수 있겠다. 예를 들어 우리가 라디오 주파수에 해당하는 1MHz를 생각한다면 빛이 1초에 움직이는 거리 3×10^8m 안에 파가 10^6개가 들어가 있는 것이니 그 파장은 300m 정도가 된다. NMR이라는 분석

방법은 앞에서 설명한 분자의 전자나 핵의 운동(병진, 회전, 진동)에 기반하는 양자화된 에너지 준위와는 상관이 없다. 핵 안에 있는 양성자의 스핀 업과 스핀 다운 상태의 에너지가 외부 자기장에 의해 갈라지는 현상을 기반으로 한다. 유기화학 분야에서 매우 많이 이용되는 분광법인데, 이에 대해 자세한 소개를 뒤에서 할 기회가 있을 것이다. 들리는 이야기로는 한 유기화학 연구실 NMR 분석비가 일 년에 수천만원 들기도 한다고 한다.

나는 교수가 된 지 거의 20년이 지난 작년이 되어서야 평생 처음으로 NMR 분석이란 걸 해 봤다. 화학자도 종류가 참 다양하고 분석 방법도 다양하며, 각 분야에서 사용하는 분석 방법들이 많이 다르다. 나는 유기화학이랑은 안 친한 화학자이다. 그 분야와 안 친해지게 되면 그 분야 교수님들과도 좀 멀어지는 경향이 있다(농담이니 너무 진지하게 받아들이지는 말기 바란다).

마이크로파는 분자 회전운동의 전이를 일으킬 수 있는 파이다. 파장이 대략 1m보다는 작고 1mm보다는 크다. 마이크로파는 영어로 microwave이다. Microwave는 전자레인지를 의미하기도 한다. 전자레인지가 마이크로파를 사용한다. 전자레인지 안에 음식물을 넣고 기기를 돌리면 기기에서 나오는 마이크로파가 음식물 사이 사이의 공간에 존재하는 기체 상태 물 분자의 회전운동 전이를 일으킨다. 즉 물 분자들이 더 빨리 돌게 한다. 물 분자들이 마이크로파를 흡수하고 더 빨리 돌다가 시간이 지남에 따라서 천천히 돌게 되면서 물 분자로부터 열이 생기고 그 열로 음식물을 가열하는 것이다. 마이크로파를 금속 물체가 흡수하면 국부적으로 전기장이 증폭되어 스파크가 일어날 수 있어서 금속 물체를 전자레인지에 넣지 말라는 것이다.

적외선은 분자 회전운동의 전이와 더불어 분자의 진동운동에 대한 전이도 일어나게 한다. 파장은 1mm보다는 작고 대략 800nm보다는 크다. Infrared, 즉 IR이라고 많이 부른다. 적외선 영역의 파를 기술할 때는 그 단위로 cm^{-1}을 많이 사용한다. 이는 파장의 역수에 해당하는 단위인데, 이 단위를 사용하여 표현되는 수를 파수, 영어로는 wavenumber라고 부른다.

가시광선은 파장이 대략 800nm~400nm이며, 빨강, 주황, 노랑, 초록, 파랑,

남색, 보라색으로 구성되어 있다. 빨간색이 파장이 제일 길고 보라색이 가장 짧다. 가시광선은 분자의 회전전이, 진동전이와 함께 전자의 전이를 일으킬 수 있다.

결국 분자의 회전준위 사이의 에너지 차이는 마이크로파에 해당하는 매우 작은 에너지이며, 진동준위 사이의 에너지 차는 그보다는 큰 적외선의 에너지, 전자준위 사이의 에너지 차는 에너지가 더 큰 가시광선에 해당한다. 해당 영역의 백색광, 즉 특정한 에너지 범위의 빛을 쪼여 그중 특정한 파장만 분자가 흡수하는 현상을 통해(마이크로파는 회전전이, 적외선은 회전과 진동전이, 가시광은 진동과 전자전이) 분자의 구조에 대한 정보를 얻는 것이 흡수 분광법의 기본이다.

자외선도 전자전이를 일으킨다. 자외선 또는 그보다 에너지가 높은 극자외선 내지 연엑스선은 광전효과에 의해 전자를 방출시키며 빛을 흡수한 원자, 분자 또는 물질의 이온화를 일으킬 수 있다. 전자가 원래 차지하고 있던 오비탈에서 에너지적으로 더 높은 상태의 비어 있는 오비탈로 옮겨가는 것이 전자전이인데, 흡수하는 빛의 에너지가 너무 높으면 아예 전자가 그 물질에서 빠져나와 그 물질을 이온화시킨다. 주로 자외선을 흡수하여 이온화를 일으킬 경우 물질의 최외각전자들이 방출된다. 예를 들어 O_2의 경우 각 산소 원자오비탈의 선형조합을 통해 형성하는 $2\pi^*$ 등의 분자궤도함수들에 있는 전자들이 최외각전자들에 해당한다.

반면, X-선을 쪼여주면 분자의 core level에서도 전자가 광전효과에 의해 방출된다. O_2의 경우 O 1s 오비탈이 core level 중 하나이다. 감마선은 화학의 분광법에서는 거의 이용되지 않는다. 이용하는 방법이 없는 것은 아닌데 그 방법의 사용은 매우 드물다.

X-선에 대해서 한가지 언급하고 싶은 것은 X-선의 파장은 수 나노미터 또는 1나노미터 미만으로 이는 분자나 고체의 원자 사이의 거리에 해당하는 범위에 있다는 것이다. 그래서 X-선 회절을 이용하여 원자 사이의 거리를 규명할 수 있다. 회절에 대해서도 뒤에서 정리할 기회가 있을 것이다. 필자를 비롯하여 많은 화학과 교수들이 강의하는 표면과학 관련 과목에서는 Low Energy Electron Diffraction이라는 표면분석기기에 대해서 다루며 회절에 대해 공부하기도 한다.

일반화학에서 우리는 수소 원자가 특정한 에너지의 빛을 흡수하면 전자가 양자수가 낮은 상태에서 높은 상태로 들뜬다고 배웠다. 이때 이러한 전이에 관여하는 양자상태와 빛의 에너지 사이의 상관관계를 뤼드베리 식으로 기술할 수 있다고 배웠다. 높은 양자수 상태에서 낮은 상태로 내려오면 두 양자 상태의 에너지 차이에 해당하는 에너지를 가지는 빛을 방출하게 된다.

만약 수소 원자의 전자가 1s 오비탈에서 2p 오비탈로 빛을 흡수하며 전이된다 또는 들뜬다고 가정하자. 이때 우리는 1s 오비탈을 초기상태(initial state)라고 하며, 2p 오비탈을 최종상태(final state)라 한다. 전자가 2p 오비탈에서 1s 오비탈로 내려오며 빛을 방출하면 2p가 전이의 초기상태가 되고 1s는 최종상태가 된다. 초기상태의 파동함수를 Ψ_i로, 최종상태의 파동함수를 Ψ_f로 표기하곤 한다.

양자화학에서 Time-dependent perturbation theory라는 것을 공부하다 보면 이러한 빛을 흡수하거나 방출하는 과정을 수반하는 전이속도는 전이 쌍극자 모멘트(transition dipole moment)의 제곱에 비례한다는 것을 알 수 있게 된다. 전이 쌍극자 모멘트를 유도하는 과정은 꽤 복잡하다. 이미 1장 양자화학 부분에서도 이야기했듯이 실험 물리화학자로서는 복잡한 식의 유도 과정보다는 이 유도된 전이 쌍극자 모멘트식의 의미를 이해하는 것이 더 중요하다고 생각한다. 수학적인 유도를 잘 못하거나 싫어하는 나의 핑계일 수도 있겠으나. 이 전이 쌍극자 모멘트는 아래와 같은 식으로 기술된다.

$$\text{전이 쌍극자 모멘트} = \int_{-\infty}^{\infty} \Psi_f \mu_z \Psi_i d\tau$$

여기서 μ_z는 z 방향으로의 쌍극자 모멘트 연산자인데 이는 빛의 z 방향 전기장과 같은 방향이며, 이와 직접적으로 연관있는 항이라고 보면 된다. $d\tau$는 부피적분요소이다. 이 전이 쌍극자 모멘트는 빛이 z 방향으로 편광이 되어 있는 빛을 포함하는(다르게 표현하면 z축 방향으로의 전기장의 진동을 포함하는) 경우에 대해, 해당 편광 빛의 흡수 또는 방출을 수반하는 전이의 속도를 기술한다.

물론 빛의 세기에도 전이 확률이 비례하는데, 이에 대해서는 일단 고려하지 않는다. 참고로 빛이 더 세다는 것은 빛의 파동이 위아래로 출렁거리는 폭이 더 커진다. 즉, 앞에서 소개한 〈그림 20〉과 〈그림 21〉의 파형의 y축 방향 폭이 더 커진다는 것을 의미한다. 빛의 에너지가 커진다는 것은 파장이 짧아지고 주파수가 커진다는 것을 의미하며 빛이 더 세진다는 것은 빛의 위아래로의 진폭이 더 커진다는 것을 의미한다. 빛의 세기가 더 커진다는 것은 광자의 수가 증가하는 것을 의미하기도 한다. 간혹 빛의 에너지와 세기를 혼동하는 경우가 있어 설명을 좀 덧붙여 봤다.

수소의 1s 오비탈의 전자가 z축 방향으로 편광되어 있는 빛, 또는 z축 방향의 전기장 벡터를 포함하는 빛을 흡수할 경우, $2p_z$ 오비탈로 전이가 일어날 수 있을지 한번 생각해 보자. 〈그림 23〉을 고려할 때, 1s 오비탈은 원자의 핵이 있는 중심을 좌표의 원점으로 특정한 축, 이 경우 z축 방향으로의 파동함수의 값을 살펴보면 f(z) 값과 f($-z$) 값은 같다는 것을 알 수 있다. 1s 오비탈은 동그란 공 모양이며, 즉 원점을 기준으로 대칭성을 가지며 파동함수의 부호는 어느 곳에서나 + 이다. 앞에서도 설명하였듯이, 이런 함수를 even function이라고 한다. 이러한 함수는 z축 방향으로 $-\infty$부터 ∞까지 또는 특정한 값 a부터 $-$a까지 정적분 하게 되

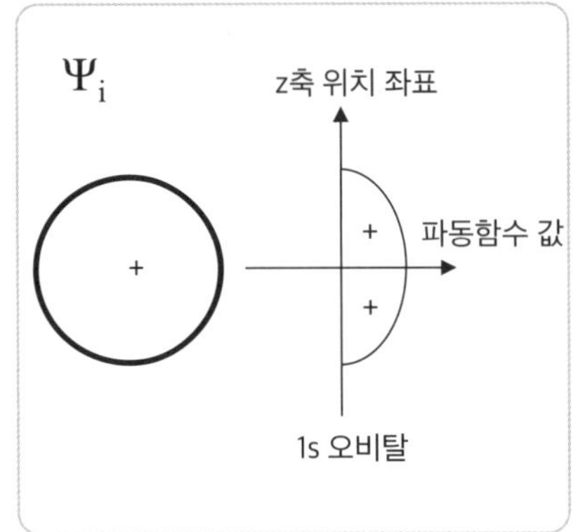

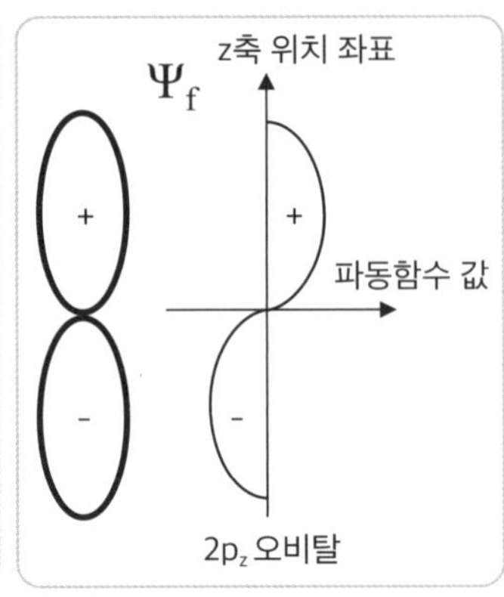

그림 23 왼쪽에는 1s 오비탈의 모양과 단면이, 오른쪽에는 2p 오비탈의 모양과 단면이 나타나 있다. 가운데에는 z 방향으로 편광된 빛의 전기장 벡터이다.

면, 0이 아닌 값을 갖게 된다. 반면, $2p_z$ 오비탈의 경우 오비탈의 중심인 원점을 기준으로 그 모양은 대칭적이나, z축 방향으로 파동함수의 값을 살펴보면 원점을 기준으로 한편에는 +, 다른 편엔 − 이다. 아령 모양의 위에는 +, 아래에는 − 의 파동함수의 부호를 갖는다. 즉, $f(z) = -f(-z)$이다. 이는 odd function으로, 위에서 even function의 경우에 대해 설명한 바와 같은 구간(+a~−a)에서 정적분을 하게 되면 0이 된다. 마지막으로 〈그림 23〉 가운데에 기술되어 있는 z축 방향으로 편광되어 있는 빛의 전기장을 기술하는 벡터는 z축에 대한 odd function, 즉 z 방향으로 위에서 이야기한대로 −a부터 +a의 구간에서 정적분 시 0이 되는 벡터이다. 빛이 odd function인 이유는 앞 소단원에서 기술하였다. 빛의 전기장이 odd function이니 이와 직접적으로 연관된 쌍극자 모멘트 연산자도 odd function 된다.

odd×odd, even×even은 모두 even하다. Even×odd는 odd이다. 앞서 이야기한 바와 같이 odd의 예로 $y = z$, even의 예로 $y = z^2$을 생각하면 편하다. $z \times z$는 z^2로 even이며, $z \times z^2$은 z^3으로 odd이다.

지금까지 위에서 좀 장황하게 이야기한 내용을 정리해 보자. 1s 오비탈은 even, 빛은 odd, $2p_z$ 오비탈은 odd, 이 3개를 곱하면 even이 되고 이 even function을 위에서 이야기한 바와 같이 정적분하면 0이 아닌 값이 나오니, 앞에

처음 만나는 물리화학

서 기술한 전이 쌍극자 모멘트는 0이 아닌 값을 가지게 되고, 결국 이는 전이가 가능한 상황이 된다.

사실 이 소단원에서 쌍극자 모멘트 연산자의 물리적 의미 등 제대로 된 설명을 건너뛰었다. 사실 z축 방향의 쌍극자 모멘트 연산자는 z 방향의 전기장이 원자나 분자의 전하를 z축 방향을 따라서 얼마나 서로 반대방향으로 이동시키는지를 의미한다. 앞 소단원에서도 언급했듯이 양자화학을 처음 접하는 학생들의 직관적인 연상을 위해 이 책에서는 전기장, 쌍극자 모멘트 연산자 등에 대한 수식과 자세한 설명을 제외한 상태로 전기장과 분자의 상호작용을 더 단순하게 설명하려고 했다는 점에 대해 이해해주기 바란다.

같은 식으로 1s에서 2s, 또는 s에서 d로 전이가 가능한가 따져 보면 이는 전이 쌍극자 모멘트가 0으로 모두 금지된 전이임을 알 수 있다. s, d가 모두 even function이기 때문이다. 이에 대해서는 스스로 생각해보기 바란다. 물론 금지된 전이라고 꼭 일어나지 말라는 법은 없다. 이건 아마 분광학과 관련된 전공 수업 시간에 더 자세히 배우게 될 것이다.

지금까지의 설명에서는 전자가 한 오비탈에서 다른 오비탈로 빛을 흡수하며 전이가 일어나는 상황에 대해서 따져 보았으나, 이와 비슷하게 전이 쌍극자 모멘트가 0인지 0이 아닌지를 따져, 적외선을 흡수하며 특정한 진동전이가 일어날 수 있는 상황인지 아닌지, 마이크로파를 흡수하여 회전운동의 전이가 일어날 수 있는 상황인지 아닌지를 결정할 수 있다. 모든 광학적인 전이 과정에서 특정한 전이가 허용 가능한 것인지 금지된 것인지를 전이 쌍극자 모멘트가 0이 아닌지 0인지를 따져 결정할 수 있다는 것이다.

만약 위의 상황에서 z축 대신 y축이나 x축 방향으로 편광되어 있는 빛이 있는 경우라면 1s에서 $2p_z$로는 전이가 일어나지 않는다. 전이 쌍극자 모멘트를 구할 때 $2p_z$와 x축 또는 y축으로 누워 있는 빛 전기장의 벡터 사이에는 겹침이 없어 전이 쌍극자 모멘트가 0이 되기 때문이다. 이에 대해서는 바로 뒤에서 자세히 설명할 것이다. 표면에 흡착된 분자의 X-선 흡수 분광법을 이용한 분자의 배향 결정에 이러한 특정한 방향으로 편광된 빛의 흡수 여부가 중요한 역할을 한다.

여기서는 특정한 분자가 고체 표면에 흡착되어 있을 때 그 분자가 어떤 배향을 가지고 표면 위에 흡착되어 있는지 알아낼 수 있는 실험적 기법을 소개하려고 한다. 이 기법에 대해 공부하는 과정에서 앞에서 소개한 전이 쌍극자 모멘트와 더 친숙해지게 될 것이다.

먼저 C_2H_4, 즉 에틸렌이라는 분자의 구조에 대해서 알아보겠다. 이 분자는 탄소-탄소 이중결합을 가지며 그 이중결합 중 하나는 시그마(σ) 결합이고 나머지 하나는 파이(π) 결합이다. 〈그림 24〉에서 보듯이 σ 결합은 각 탄소의 sp^2 혼성화 궤도함수 사이의 결합이며, π 결합은 혼성화에 참여하지 않는 p 오비탈들 사이의 결합이다. 모두 일반화학에서 배우는 내용이다.

여기서 역시 일반화학에서 배우는 분자궤도함수 이론을 도입하면 sp^2 혼성화 궤도함수들 사이의 보강간섭에 의해 결합 오비탈 σ가 형성되고 sp^2 혼성화 궤도함수들 사이의 상쇄간섭에 의해 반결합 오비탈 σ^*가 형성된다. p 오비탈들 사이에도 결합 오비탈 π와 반결합 오비탈 π^*가 형성된다. 파동함수의 같은 부호끼리 겹치면 보강간섭에 의한 결합 오비탈, 다른 부호끼리 겹치게 되면 상쇄간섭에 의한 반결합 오비탈을 형성한다. 인접한 두 원자의 같은 부호의 파동함수가 더 많

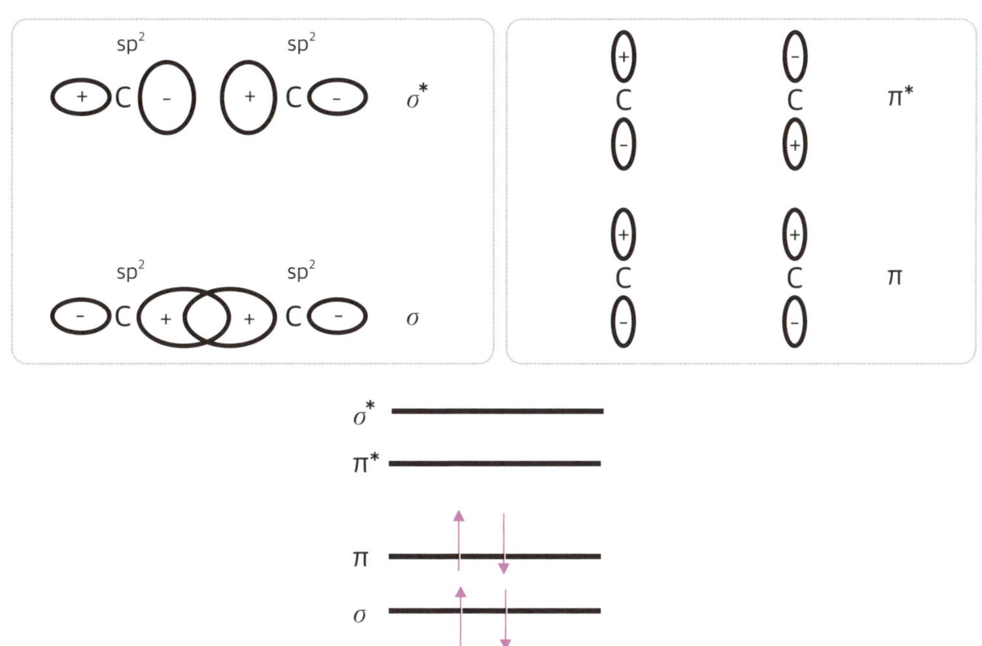

그림 24 C_2H_4 분자의 σ, σ^* 오비탈 모양이 위 왼쪽에, π, π^*가 위 오른쪽에 도식화되어 있다. 아래 그림은 위에 표현된 각 오비탈들의 에너지 준위와 바닥상태의 전자배치이다.

이 겹칠수록 그 원자들 사이의 위치에 전자의 분포 확률이 높아지게 되고 화학 결합력이 더 커진다. 공유결합에서 원자 사이에 놓여 있는(공유되어 있는) 전자들이 화학 결합을 강화시켜 주는 역할을 한다는 것과 유사한 개념이라고 보면 된다. σ 결합의 sp^2 혼성화 궤도함수 사이의 겹침이 π 결합의 p 오비탈 사이의 겹침보다는 더 크고, 그래서 σ 결합 오비탈이 π 결합 오비탈보다 더 안정해진다. 특정한 결합 오비탈이 안정화되면 그에 해당하는 반결합 오비탈은 그만큼 더 불안정해진다. 그래서 σ^*가 π^*보다는 더 불안정하다. 탄소의 혼성화 궤도함수와 2p 오비탈에는 전자가 하나씩 있기 때문에, 그 전자들이 〈그림 24〉의 아래쪽에 표시된 분자궤도함수들을 차지하게 되면 σ, π에는 전자가 채워져 있고 σ^*, π^*에는 전자가 비어 있게 된다.

　여기서 전자가 비어 있는 σ^*, π^*에만 집중을 해 보자. 분자 결합 축과 닿는 특정 방향의 축을 표기하고 그 축 방향으로 σ^*와 π^*의 파동함수 부호의 변화를 살펴

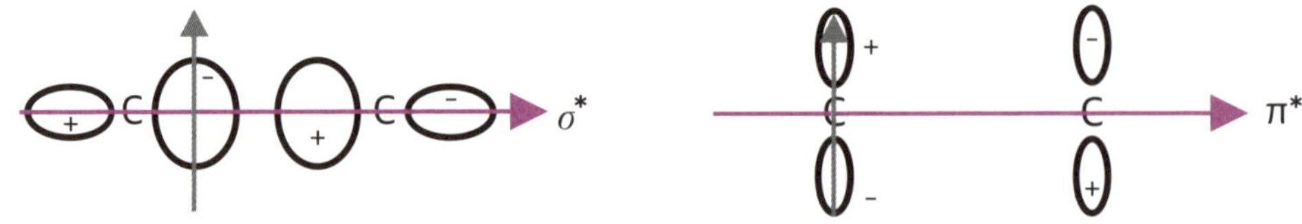

그림 25 C_2H_4 분자의 각 탄소 위치와 σ^*, π^*가 왼쪽, 오른쪽에 도식화되어 있다. 회색 화살표는 분자 축을 포함하는 수직 방향의 축이며, 자주색 화살표는 수평 방향의 축이다. 이 화살표 방향으로의 위치에 따른 부호 변화가 중요하다.

보자(〈그림 25〉). σ^*의 경우 분자 결합 축 수평 방향으로는 한쪽에는 +, 다른 한쪽에는 −가 있기 때문에 이 방향으로 odd function이 된다(자주색 축). 반면 분자 결합 축 수직 방향으로는 부호가 바뀌지 않기 때문에 even function이다(회색 축). π^*의 경우 분자 결합 축과 겹치는 축 중 분자 결합 축과 수평인 자주색 축 방향으로는 파동함수가 0이며 수직 방향의 회색 축으로는 파동함수의 부호가 바뀌니 이 회색 축 방향으로만 odd function이 된다.

이제 1s 오비탈을 생각해 보자. 1s 오비탈은 이미 앞에서 이야기를 했듯이 공 모양으로 생겼고 파동함수가 위치와 무관하게 같은 부호(+)인 even function이다. 이제 1s 오비탈에 있는 전자가 X-선을 흡수하여 σ^* 또는 π^*로 전이가 되는 과정을 생각해 보자. "빛의 쌍극자 모멘트 연산자(이 표현은 앞 소단원에서 빛-분자 상호작용에 대해 기술한 내용을 참고하여 이해하여 주기 바란다)"는 odd function이다. [1s(even)×빛(odd)×σ^* 또는 π^*]가 even이 되어야만 전이 쌍극자 모멘트가 0이 아니며 해당 전이가 일어날 수 있다. 즉 σ^*나 π^*가 odd function이 되는 특정한 축 방향으로는 전이 쌍극자 모멘트가 0이 아닌 조건이 만족되기 때문에 이 전이가 가능하다.

여기서 우리가 특히 집중할 것이 있다. "빛의 쌍극자 모멘트 연산자"와 σ^*나 π^*가 odd function인 조건을 만족시키는 축 사이의 수직 관계가 형성된다면 전이 쌍극자 모멘트는 0이 되며 그 전이가 일어나지 않는다. 2개의 함수가 수직 관계에 있다면 그 곱은 0이 되고 그 적분값도 당연히 0이 되니, 편광된 빛의 쌍극자 모멘트 연산자와 위 σ^* 또는 π^*의 odd function 축 사이에는 수평 관계가 형성되어야만 그 빛을 흡수하며 전이가 일어나고 수직 관계라면 전이는 일어나지 않는다.

처음 만나는 물리화학

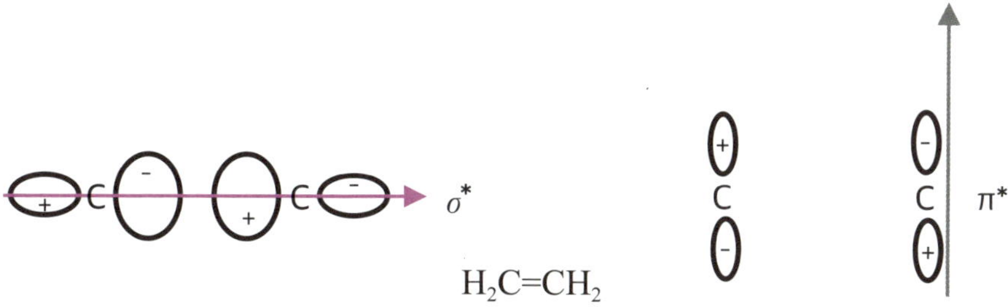

탄소-탄소 결합 축이 표면에 수평인 경우

그림 26 가운데 표시된 C_2H_4 분자가 고체 표면 위에 흡착할 때 그 탄소간 결합 축이 표면에 수평으로 배향되어 있는 경우, 그 σ^* 오비탈과 π^*의 고체 표면에 대한 배향을 각각 왼쪽과 오른쪽에 표시하였다. 각 오비탈에서 파동함수의 값이 위치에 따라서 +에서 -로 또는 반대로 바뀌는, 즉 odd function의 특성을 보이는 방향을 자주색 또는 회색 화살표로 표기하였다.

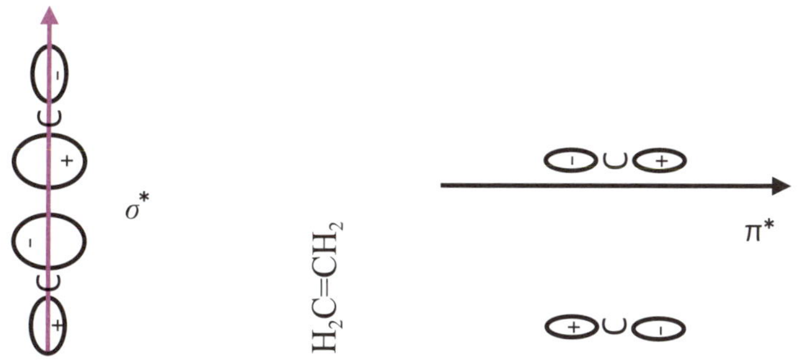

탄소-탄소 결합 축이 표면에 수직인 경우

그림 27 가운데 표시된 C_2H_4 분자가 고체 표면 위에 흡착할 때 그 탄소간 결합 축이 표면에 수직으로 배향되어 있는 경우, 그 σ^* 오비탈과 π^*의 고체 표면에 대한 배향을 각각 왼쪽과 오른쪽에 표시하였다. 각 오비탈에서 파동함수의 값이 위치에 따라서 +에서 -로 또는 반대로 바뀌는, 즉 odd function의 특성을 보이는 방향을 자주색 또는 회색 화살표로 표기하였다.

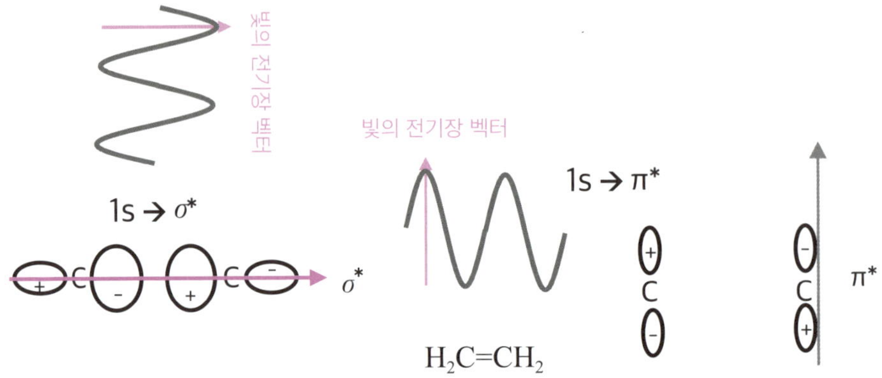

탄소-탄소 결합 축이 표면에 수평인 경우

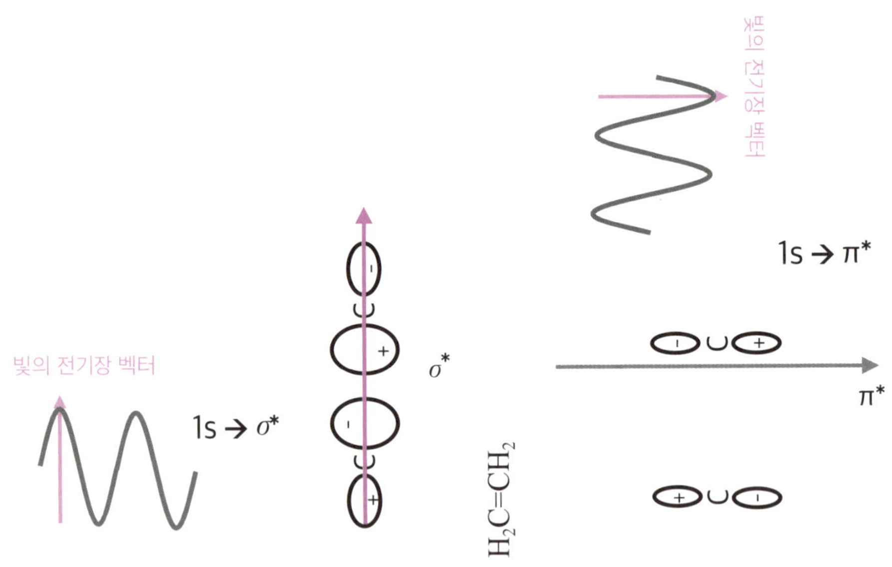

탄소-탄소 결합 축이 표면에 수직인 경우

그림 28 표면에 수평으로 흡착된 C_2H_4 분자(위)와 수직으로 흡착된 분자(아래)의 각 오비탈 배향 및 편광된 빛과의 상호작용에 대한 모식도.

자, 이제 C_2H_4 분자가 평평한 고체 표면 위에 붙어 있다고 가정해 보자(〈그림 26〉, 〈그림 27〉). 이 분자의 탄소-탄소 결합 축과 고체 표면이 수평이 되도록 흡착되어 있을 수 있고(〈그림 26〉), 그와 다르게 이들이 수직 방향이 되도록 흡착되어 있을 수도 있다(〈그림 27〉). 〈그림 26〉과 〈그림 27〉 각 그림의 가운데에는 분자의 흡착 배향, 그 양쪽에는 해당 배향 시 σ^*와 π^*의 배향이 그려져 있다. 그리고 앞에서 설명한 분자궤도함수가 odd function을 형성하는 축도 함께 화살표 표시로 그려져 있다.

탄소-탄소 결합 축이 표면의 수평 방향으로 위치할 경우, 표면에 수평으로 편광된 X-선 빛이 들어오면 1s에서 σ^*로 전이가 이루어지며, 표면 수직으로 편광된 빛이 들어오면 π^*로의 전이만 이루어진다(〈그림 28〉). 탄소-탄소 결합 축이 표면에 수직으로 위치한 경우, 거꾸로 표면에 수직으로 편광된 빛이 들어오면 σ^*로, 수평인 빛이 들어오면 π^*로 전이가 이루어진다. σ^*로의 전이와 π^*로의 전이는 앞에서 설명한 것처럼 두 반결합 오비탈의 에너지가 다르기 때문에, X-선 영역에서 넓은 범위의 에너지를 가지는 백색광을 분자가 흡착된 표면에 쪼여줄 경우, 1s에서 σ^*와 π^*로의 전이시 필요한 빛의 에너지가 다르기 때문에(σ^*가 더 높은 에너지 준위에 있어서 이 반결합 오비탈로의 전이에 더 높은 빛의 에너지가 필요하기 때문에) 구분할 수 있다.

이렇게 표면에 수직 또는 수평으로 편광된 X-선을 이용하여 1s 오비탈 전자의 전이가 σ^*로 일어나는지 π^*로 일어나는지를 관찰하면 궁극적으로 C_2H_4 분자가 표면에 어떤 배향으로 흡착되어 있는지를 알 수 있다. C_2H_4 분자보다 더 복잡한 구조를 가지는 분자들에 대한 배향의 결정도 가능하다. 분자가 표면에 어떤 배향으로 흡착되어 있는지를 식별하는 것은 다양한 불균일 촉매 반응, 에너지 소재 등에서 매우 중요한 기초과학적인 문제이다. 이러한 실험 방법에 대한 더 세부적인 설명과 이런 분석의 데이터가 어떻게 생겼으며 어떻게 이를 해석할 수 있는지에 대한 더 자세한 설명은 표면과학 관련 수업에서 접할 수 있다.

회전과 진동 중 먼저 분자의 회전전이에 대해서 살펴보자. 1장 양자화학에서 이원자 분자의 회전에 대한 양자화된 에너지 준위는 다음과 같은 식으로 기술된다고 배웠다.

$$E = hcBJ(J+1), J = 0, 1, 2 \cdots\cdots$$

$$\frac{E}{hc} = BJ(J+1)$$

이미 앞에서 설명한 바와 같이 여기서 B는 회전상수, h는 플랑크 상수, c는 빛의 속도이다. 회전상수는 관성모멘트 I와 관련이 있다고 배웠다. 위 식은 이원자 분자를 포함한 모든 선형 분자에 적용된다. 비선형 분자들에 대해서는 회전 에너지 준위를 기술하는 식이 조금 더 복잡한데, 이에 대해서는 생략한다.

빛은 전기장 벡터가 시간에 따라, 또 공간에 따라 주기적으로 방향을 번갈아 반대 방향으로 바꾸는 전기장의 파로 구성되어 있다고 배웠다. 〈그림 29〉와 같이 쌍극자 모멘트를 가지는 HCl이라는 분자 하나가 기체 상태에 있다고 가정하자.

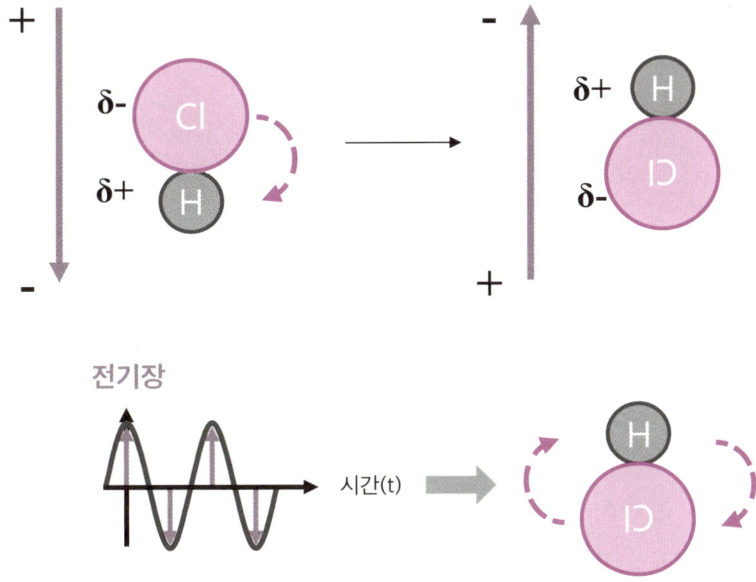

그림 29 특정한 위치에 있는 각기 다른 전기음성도를 가지는 원자들로 구성된 이원자 분자가 빛에 노출되어 시간에 따라 번갈아 방향이 바뀌는 전기장에 영향을 받아 회전하는 것에 대한 모식도이다.

H 와 Cl은 다른 전기음성도를 가지며 전기음성도가 작은 H는 $\delta+$ 의 부분 전하, 전기음성도가 높은 Cl은 $\delta-$의 부분 전하를 띤다. 일반화학에서 배우는 내용이다.

HCl 분자가 편광된 단파장(하나의 파장, 즉 하나의 에너지만 가지는)의 빛에 쪼여지는 상황을 생각해 보자. 〈그림 29〉의 위 왼쪽에 표현된 빛의 특정한 쌍극자 모멘트 벡터의 방향(아래쪽에 −가 있고 위쪽에 +가 있는 경우)에 대해 HCl의 수소는 $\delta+$를 가지고 있으니, 빛의 +에서 최대한 먼 곳의 위치에 있으며, 동시에 빛의 − 쪽에 더 가까이 있으려고 할 것으로 예상할 수 있다. +와 +, −와 −는 서로 반발하려고 하고, +와 −는 서로 가까이 붙으려고 한다. 반대로 − 부분 전하를 띠는 Cl은 빛의 + 쪽에 가까운 위치에 있으려고 할 것이다. 그래서 〈그림 29〉의 위 왼쪽 그림처럼 주어진 빛의 쌍극자 모멘트 영향으로 HCl은 H가 아래쪽, Cl이 위쪽 위치에 놓이게 된다.

전기장의 반파장이 전진하는 만큼의 시간이 지나면 같은 HCl 분자에 이번에는 앞에서와는 반대 방향으로, 거꾸로 배향된 전기장 백터 또는 빛의 쌍극자 모멘트가 인접해 있게 된다(〈그림 29〉 위 오른쪽). 위에서도 이야기했듯이 빛은 전기장 내지 쌍극자 모멘트의 방향이 주기적으로 반대 방향으로 바뀌는 전기장의 파동이라는 점을 잊지 말자. 그러면 처음의 위치에서 분자의 배향이 바뀌어 H가 위로 가고 Cl은 아래로 간다. 결국 빛이 분자를 지나가면서 빛의 영향으로 분자는 뱅글뱅글 돌게 된다. 이것이 전기장과 분자의 회전운동 모드가 상호작용하는 방식이라고 할 수 있겠다. 분자의 회전모드가 빛에 의해 영향을 받으려면 이렇게 분자가 영구 쌍극자 모멘트를 가지고 있어야 한다. O_2나 N_2처럼 쌍극자 모멘트를 가지고 있지 않은 분자의 회전모드는 빛의 전기장에 전혀 영향을 받지 않게 된다. O_2, N_2 등의 분자의 회전운동은 빛이 자기 주변으로 지나가는지도 모를 것이라고 이야기할 수 있겠다. 그래서 이 분자들의 회전운동은 빛에 의해 전이가 될 수가 없다. 빛에 의해 광학적인 회전운동의 전이를 일으키기 위해서는 분자가 영구 쌍극자 모멘트가 필요하다는 것이 회전운동의 광학적 전이에 대한 총체적 선택 규칙이다.

양자화된 에너지 준위가 정의되어 있는 계에서 양자화된 에너지 준위들 사이의 에너지 차이와 빛의 에너지가 같다고 해서 무조건 전이가 일어나지는 않는다. 에너지가 같다고 했을 때 전이가 일어날 수 있는 조건과 없는 조건을 규정하는 것이 선택 규칙이다. 선택 규칙에는 위에서 말한 총체적인 선택 규칙과 특수 선택 규칙이 있다. 총체적 선택 규칙은 위에서 언급한 쌍극자 모멘트가 있는 분자만 회전전이를 일으킨다는 것처럼 운동이 어떤 성질을 가질 때 광학적인 전이를 일으킬 수 있는지에 대한 좀 더 일반적인 규칙을 의미한다. 특수 선택 규칙은 어떤 양자수에서 어떤 양자수로 전이가 가능한가에 대한 좀 더 세부적인 규칙으로, 이는 앞에서 언급한 전이 쌍극자 모멘트의 계산 결과이다. 회전운동의 경우 J의 차이가 1, 즉 $\Delta J = \pm 1$ 이라는 특수 선택 규칙이 있다. 앞에 1장 양자화학에서 회전운동의 전이는 인접한 회전준위 사이에만 가능해서 결국 $2B$, $4B$, $6B$······의 마이크로파를 흡수하며 회전운동의 전이가 일어난다고 설명한 것은 이러한 선택 규칙을 고려한 것이었다. 요약하자면 분자가 영구 쌍극자 모멘트를 가지고 있

　　　　　　　　　　　　　　　　　　처음 만나는 물리화학

어서 빛에 의해 뱅글뱅글 돌 수 있는 경우, 이때 빛의 에너지가 그 분자 회전운동 모드의 $\Delta J = \pm1$ 조건을 만족시키면 다른 회전준위로 이동한다. 더 높은 회전준위로 이동한다는 것은 빛의 에너지를 흡수하여 더 빨리 회전하게 되는 것이고, 더 낮은 회전준위로 이동하면 더 느리게 회전하게 되며 빛을 방출하게 된다. 회전운동이 느려지며 회전 주기가 느려지게 되고, 이에 의한 쌍극자 모멘트의 시간에 대한 변화가 느려지는 만큼 그에 해당하는 주파수의 빛이 방출되는 것이다.

진동운동의 경우에는 각 진동모드에 대해서 다음과 같은 에너지 준위가 형성된다고 1장 양자화학에서 언급한 바가 있다.

$$E = \left(n + \frac{1}{2}\right)\hbar\omega = hc\tilde{\nu}, \omega = \sqrt{\frac{k}{\mu}}, n = 0, 1, 2 \cdots\cdots$$

1장에서 설명했듯이 $\tilde{\nu}$는 진동자의 진동 파수, k는 진동자의 힘상수, μ는 환산질량이다.

이번에는 CO_2 분자의 진동운동을 생각해 보자. 〈그림 30〉과 같이 CO_2는 4개의 진동모드를 가진다(3N-5, N은 분자 내 원자의 수).

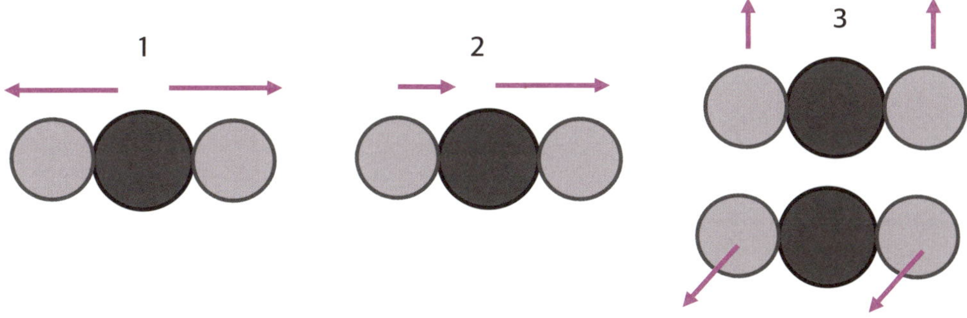

그림 30 이산화탄소 분자의 진동모드들에 대한 모식도이다. 1. 대칭 신축 진동, 2. 비대칭 신축 진동, 3. 2개의 각기 다른 방향으로 일어나는 굽힘 진동(각기 다른 방향의 굽힘 진동은 진동 주파수 내지 에너지가 같다).

1. 먼저 2개의 C-O 원자 간 거리가 대칭적으로 늘었다 줄었다를 반복하는 진동모드가 있다.

2. 한쪽 C-O가 원자 간 거리가 늘어날 때 다른 쪽은 줄어들고 늘어난 길이가 줄 때 반대 줄어들었던 쪽의 원자 간 거리는 늘어나는 비대칭적인 신축 운동이 있다.

3. 마지막으로 결합 각도가 $180°$에서 구부러졌다가 펴졌다하는 모드가 있는데 분자가 x축으로 놓여 있을 때 y축으로 구부러졌다 펴졌다를 반복하는 모드와 z축으로 구부러졌다 펴졌다를 반복하는 2개의 모드가 축퇴되어다. 이런 진동모드의 대칭 및 구조적 변화에 대해서 자세히 배우려면 군론 (group theory) 등을 공부해야 한다.

위에서 2번으로 언급된 비대칭적인 신축 진동을 살펴보자. CO_2의 C와 O는 전기음성도가 다르므로, O 쪽에 - 부분 전하, C 쪽에 + 부분 전하가 있다. 〈그림 31〉의 위 왼쪽에서 보듯이 빛에서 아래쪽에 -, 위쪽에 +가 있는 전기장의 영향을 CO_2 분자가 받게 되면 +인 탄소는 아래쪽으로, -인 산소는 위로 향하며 위쪽의 C-O 결합은 길이가 늘어나고 아래쪽의 C-O 결합은 길이가 짧아지게 된다. 빛의 반파장이 지나간 시간 후, 빛의 전기장 벡터가 반대 방향으로 향하게 되면 원자 간 길이의 변화는 그 반대가 된다. 시간에 따라서 빛의 전기장의 방향이 반대로 향하게 되면, 이 비대칭적인 신축 진동모드는 그에 따른 영향을 받게 된다. 이 진동모드에 의해 분자의 쌍극자 모멘트는 시간에 따라서 변한다. 광학적 진동전이에 대한 선택 규칙은 시간에 따라 쌍극자 모멘트의 변화가 일어나는 진동모드여야 전이가 가능하다는 것이다. 쌍극자 모멘트의 변화가 일어나는 진동모드가 빛을 흡수하면 그 진동의 폭이 더 커지게 된다. 즉 진동에 의한 원자 간 거리나 각도의 변화가 더 심해지게 된다. 더 큰 진폭으로 진동을 하다가 빛을 방출하고 더 낮은 진동준위에 다다를 수도 있다.

진동전이에 대한 특수 선택 규칙은 $\Delta n = \pm 1$이다. 회전과 비슷하게 인접한 진동준위로만 빛을 흡수하거나 방출하는 전이가 가능하다. 진동에너지 전이의 총

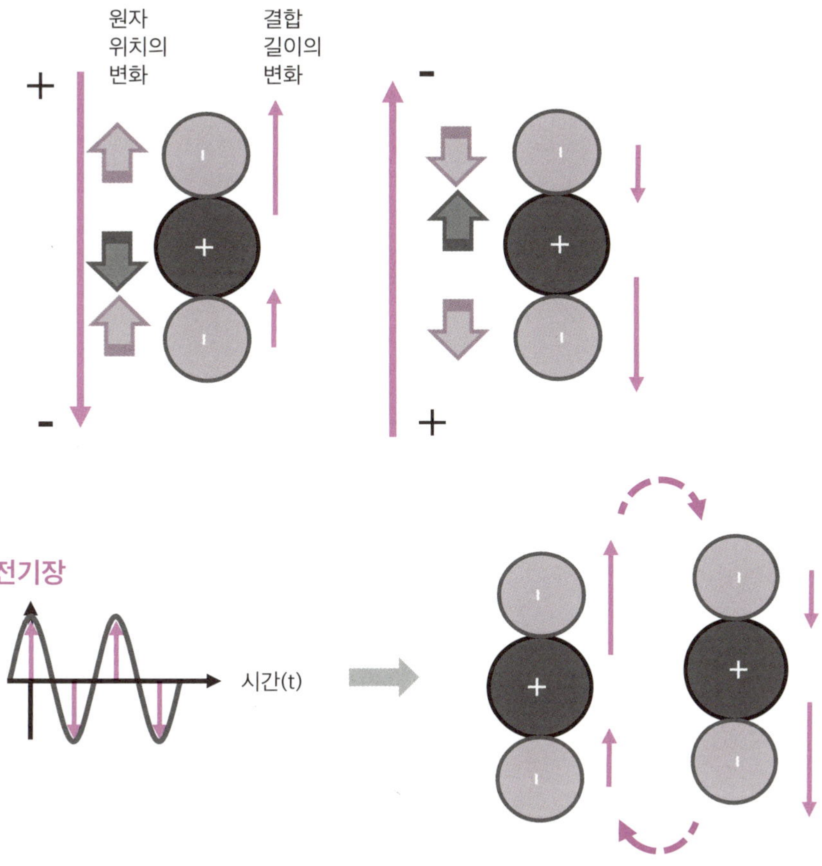

그림 31 이산화탄소 분자의 원자 간 거리가(〈그림 30〉의 2번 진동모드에 해당하는 원자 간 거리 변화) 빛에 의해 시간에 따라 어떻게 변하는지를 도식화시켜 설명한 그림이다.

체적 진동 규칙은 "분자가 쌍극자 모멘트를 가져야 한다"가 아니라 "진동모드가 시간에 따라서 쌍극자 모멘트의 변화를 수반해야 한다"는 것임을 정확히 기억하자. 〈그림 30〉에 나타난 것처럼, CO_2는 비극성 분자이고 여러 진동모드 중 1번 진동은 광학적 진동전이를 일으키지 않고 2, 3번 진동모드만 일으킨다. 2, 3번만 시간에 따라 쌍극자 모멘트가 변하기 때문이다.

(이원자) 분자의 진동을 다루는 가장 간단한 모델은 조화진동자라는 것을 1장 양자화학 부분에서 이미 설명한 바 있다. 조화진동자는 〈그림 32〉의 자주색 점선으로 표기된 바와 같이 $\frac{1}{2}k(R-R_e)^2$ 형태의 두 원자 사이의 길이 R에 따른 대칭적인 위치에너지를 보인다. 이러한 조화진동자에서는 R이 분자의 가장 낮은 위치에너지 상태의 결합 길이인 R_e보다 더 짧아지거나 더 길어질수록 위치에너지가 증가하게 된다. 위치에너지가 낮은 상태에서는 두 원자 사이의 인력, 즉 끌어당기는 힘이 주로 작용하고 위치에너지가 높은 상태에서 원자 사이의 척력, 즉 밀치는 힘이 주로 작용한다고 볼 수 있다. R이 R_e보다 짧은 상태에 대해서만 생각해 보자면, 두 원자 사이의 거리가 점점 짧아지며 위치에너지가 더 높아지게 되는데 이는 원자 간 거리가 가까워지면서 각 원자들에 존재하는 전자들의 파울리 배타 원리 등에 의한 척력이 커지기 때문으로 해석할 수 있다.

문제는 R이 R_e보다 더 큰, 즉 원자 사이의 거리가 상대적으로 먼 구간이다. R이 커질수록 원자 사이의 인력이 적어지기 때문에 위치에너지가 어느 정도 증가하는 것은 이해가 가능하다. 그러나 원자 사이의 거리가 너무 멀어지면서 오히려 위치에너지가 더 증가하게 되는 것은, 즉 원자 사이의 거리가 굉장히 멀어지게

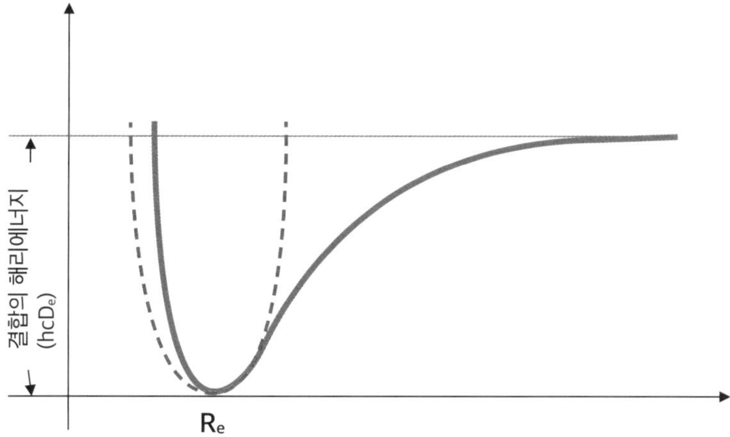

그림 32 조화진동자(자주색 점선)와 비조화진동자(회색 실선)의 이원자 분자의 원자 간 거리 R에 따른 위치에너지 변화의 비교이다.

되면 오히려 원자 간 척력이 높아진다는 것은 이해할 수가 없다. 이는 조화진동자의 오류이다. 조화진동자는 원자 간 거리가 상대적으로 짧은 경우에는 분자의 위치에너지를 어느 정도 잘 기술하지만 그 거리가 긴 경우에는 실제 분자의 위치에너지를 제대로 기술하지 못한다. 실제 분자에서는 두 원자 간 거리가 너무 멀어지게 되면 원자 간에 서로 인력과 척력을 모두 전혀 행사하지 못하는, 즉 결합이 완전히 끊어진 상태가 되어야 한다. 즉, 실제 두 원자 간의 거리에 따른 위치에너지의 변화는 〈그림 32〉의 회색 선에 더 가깝다고 봐야 한다. 이는 일반화학에서 배우는 두 원자 간 거리에 따른 위치에너지 변화를 기술하는 Lennard-Jones potential에 해당한다.

이런 비대칭적인, 실제 분자를 구성하는 원자들의 상대적인 위치에 따른 위치에너지를 더 잘 반영하는 함수를 사용할 때 우리는 비조화성을 도입했다고 이야기한다. 이러한 비조화성을 잘 표현하는 함수의 한 예로는 Morse potential이 있으며 수학적으로는 다음과 같이 표현된다.

$$V(r) = hcD_e(1 - e^{-a(R - R_e)})^2, \quad a = \sqrt{\frac{\mu}{2hcD_e}}\,\omega$$

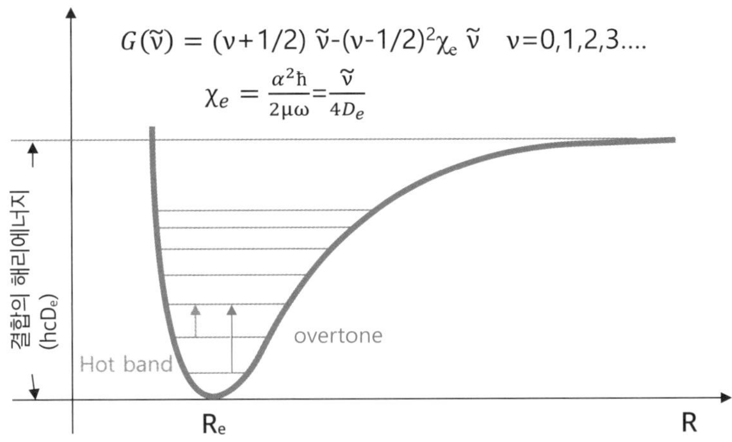

그림 33 비조화진동자를 고려한 경우 파동방정식의 해인 양자화된 에너지 준위가 식과 그래프로 나타나 있다. 본문에 자세히 설명된 overtone과 hot band가 표기되어 있다.

이러한 Morse potential을 1장에서 배운 진동운동의 파동방정식에 조화진동자의 위치에너지 함수인 $\frac{1}{2}k(R-R_e)^2$ 대신 넣고 파동방정식을 풀게 되면 그 해로 〈그림 33〉에 표기된 바와 같은 진동운동에 대한 양자 에너지 준위에 대한 식을 얻게 된다. 〈그림 33〉의 그래프에 개략적으로 표시된 바와 같이, 진동운동의 양자수가 증가하면서 에너지가 같은 간격으로 증가하는, 즉 소위 말하는 균일한 사다리(uniform ladder) 형태를 가지는 조화진동자와 달리 비조화진동자에서는 진동준위의 양자수가 증가할수록 인접한 에너지 준위 사이의 에너지 차이가 작아진다.

결국 $n = 0{\rightarrow}1$과 $1{\rightarrow}2$의 전이 에너지가 같은 조화진동자에서의 상황과 달리, 이 둘 사이에 에너지 차이게 생기게 되고 결국 IR 흡수 분광법 등에서 $n = 0{\rightarrow}1$과 $1{\rightarrow}2$가 다른 빛 에너지에서 흡수 신호를 보이게 된다. 이를 hot band라고 한다. 또한 비조화진동자를 고려한 선택 규칙의 계산 결과를 보면 $\Delta n = \pm 1$인 앞에서 언급한 진동운동의 특수 선택 규칙도 더 이상 적용되지 않음을 알 수 있게 된다. 즉, $n = 0{\rightarrow}2$로의 전이도 가능해지며 이러한 전이에 의한 신호가 $0{\rightarrow}1$ 전이 에너지의 2배보다는 아주 조금 작은 값에서 나타나게 되고 이를 overtone이라고 한다.

처음 만나는 물리화학

6 Raman 분광법

라만(Raman) 분광법은 백색광을 사용하는 흡수 분광법과는 달리 단색광, 특히 가시광이나 자외선 영역의 단색광을 사용한다. 단색광은 파장 또는 에너지가 하나인 빛으로, 주로 광원으로는 레이저를 사용한다. 레이저의 원리에 대해서는 분광학이나 기기분석화학 관련 수업 시간에 배운다. 여기서는 기기에 대한 자세한 설명은 일단 생략하고 각 분광학적인 분석의 물리화학적 원리에 집중하려고 한다. 자외선이나 가시광선은 원칙적으로는 전자전이를 일으킬 수 있는 상대적으로 주파수와 에너지가 높은 영역의 빛인데, 이를 이용하여 그보다 에너지가 훨씬 작은 분자의 회전이나 진동준위 사이의 정보를 얻는다는 점이 특이하다.

Raman 분광법을 이해하려면 먼저 편극도에 대해 이해해야 한다. 편극도는 일반화학에서 분자 간의 힘에 대해 배울 때 다루는 개념이다. 쉽게 이야기하면 편극도는 전자구름이 얼마나 쉽게 찌그러질 수 있냐에 대한 척도라고 할 수 있겠다. 〈그림 34〉에 나타낸 것처럼 하나의 Ar 원자를 생각해 보자. 이 Ar 원자의 중심에는 양성자가 있는 핵이 있고, 그 주변에 전자구름이 "이쁘하게" 펼쳐져 있다(내가 이 글의 초고를 막 쓰기 시작하던 시점에는 〈흑백요리사〉라는 프로그램에서 어떤 셰프가 자주 사용하는 "이쁘하다"라는 표현이 유행하고 있었다). 만약에 이 Ar 원자 주변에 + 점전하가 위

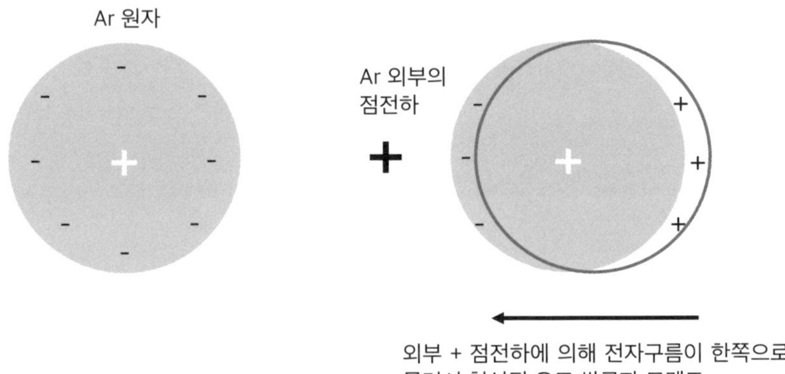

그림 34 Ar 원자의 핵의 위치와 전자구름이 왼쪽에 표기되어 있으며 오른쪽은 외부 전기장에 의해 전자구름의 상대적인 위치의 변화가 생겨 유도 쌍극자 모멘트가 형성되는 과정의 모식도이다.

치하게 된다면 -를 띠는 전자구름은 + 쪽으로 몰리게 되고 양성자가 있는 핵의 위치는 오히려 + 점 전하 쪽에서 멀어지게 되어 결국 Ar 원자 외부의 점전하에 의해 유도 쌍극자 모멘트가 생기게 된다. 핵의 한쪽으로 치우쳐져 있는 전자구름 쪽에는 - 전하가, 그 반대편에는 + 전하가 형성되고 이 +와 -사이에 쌍극자 모멘트가 생성되는 것이다. 〈그림 34〉에서 이러한 상황에 대해 간단히 도식화해 보았다.

이 유도 쌍극자 모멘트는 일단 편극도가 커질수록 더 커진다. 편극도는 위에서 이야기했듯이 주어진 전기장에 의해 전자구름이 얼마나 쉽게 찌그러질 수 있냐에 대한 척도이다. 전자구름이 풍선처럼 말랑말랑하다면 외부 힘에 의해 풍선이 쉽게 많이 찌그러지고, 이는 매우 높은 편극도에 해당한다. 전자구름이 골프공처럼 단단해서 외부에서 전기장을 가해도 그 모양이 잘 변하지 않는 경우는 편극도가 낮은 경우에 해당한다. 편극도가 높으면 주어진 전기장에 의해 한편으로 - 전하가, 다른 한편으로는 + 전하가 치우치는 정도가 더 심해지기 때문에 유도 쌍극자 모멘트가 더 커지는 것이다. 편극도가 높으면 높을수록 커지는 분자 간 분산력은 분자량이 커질수록 커진다고 배웠다. 분자량이 커질수록 전자구름의 크기가 커지고 전자구름이 더 말랑말랑해진다. 분자량이 커질수록 끓는점 등이 높아지는

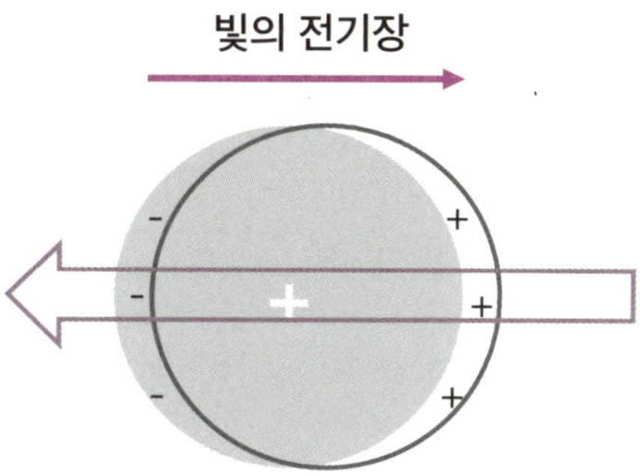

빛의 전기장은 분자의 유도 쌍극자 모멘트를 유발하고 이 유도 쌍극자 모멘트에 의해 생성되는 전기장은 빛의 전기장 x 편극도로 기술된다.

그림 35 다원자 분자의 경우 핵의 위치 대비 분자의 진동운동이나 회전운동에 따라 특정한 방향으로 전자구름의 위치가 변하며 편극도가 주기적으로 변할 수 있고, 이러한 편극도의 파동과 빛의 전기장의 파동의 곱으로 유도 쌍극자 모멘트를 기술할 수 있다.

경향이 있다는 내용을 상기하자.

편극도와 별도로 〈그림 34〉에서 외부에 놓인 점전하가 +가 아닌 2+라면 Ar 원자에 생성되는 유도 쌍극자 모멘트는 더 커진다. 즉, 외부 전기장의 세기가 더 커지면 그만큼 유도 쌍극자 모멘트도 커진다.

어떤 분자에 형성되는 이러한 유도 쌍극자 모멘트에 의해 형성되는 전기장은 편극도와 외부 전기장의 곱으로 표현된다(〈그림 35〉). 즉, 편극도가 커질수록, 외부 전기장이 커질수록 분자에서 형성되는 유도 전기장은 더 커진다.

자, 이러한 내용을 기억하며 〈그림 36〉에 묘사된 상황을 살펴보자. 분자가 단색광에 노출되어 있다. 단색광의 전기장은 cosine파로 나타낼 수 있다. 앞에서 빛은 전기장의 파동이라고 이야기했다. 〈그림 36〉에서 ν_1은 빛의 주파수이다. 분자의 편극도가 만약 시간에 따라 cosine파 형태로 주기적으로 변한다면 유도 전기장은 cosine 함수×cosine 함수가 된다. 이 그림에서 ν_2는 분자의 편극도가 주기적으로 변한다고 했을때, 그 변화의 주파수이다. 삼각함수의 공식을 생각해보면 두 개의 cosine파를 곱하면 각 파의 주파수를 더한 파와 두 파의 주파수 차이를 주파수로 갖는 파가 생성됨을 알 수 있다(〈그림 36〉의 식). 이것이 물리에서 배우는 맥놀이 현상이다. 이것이 조금 더 고전적인 방식의 Raman 산란에 대한 설명이라

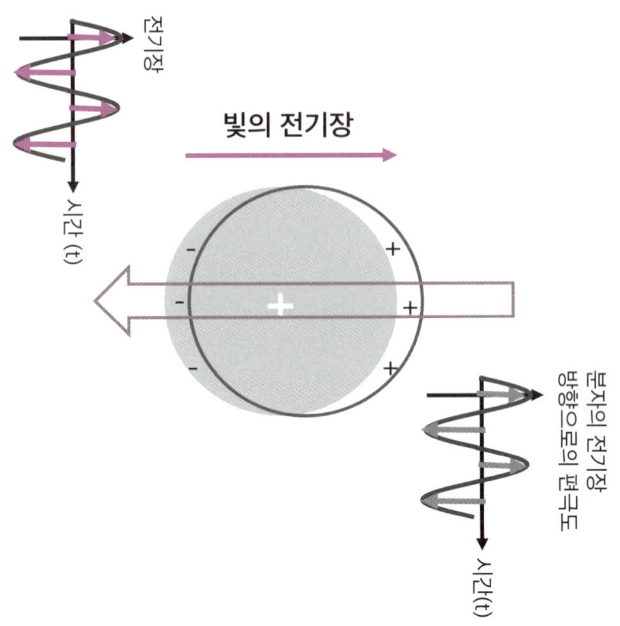

$$\cos(2\pi\nu_1 t)\cos(2\pi\nu_2 t)=1/2[\cos\{2\pi(\nu_1+\nu_2)t\}+\cos\{2\pi(\nu_1-\nu_2)t\}]$$

빛의 주파수와 편극도 진동 주파수가 더해진 Anti-Stokes Raman   빛의 주파수에서 편극도 진동 주파수를 뺀 Stokes Raman

그림 36 그림35에서 표현된 편극도의 파동과 빛 전기장의 파동의 곱으로 표현되는 Raman 신호에 대한 모식도 및 수식이다.

고 볼 수 있다. 결국 원래 분자에 쪼여지는 빛의 주파수가 ν_1이라고 했을 때 이에 편극도의 변화 주파수만큼이 더해진 주파수($\nu_1+\nu_2$)의 빛과 여기서 편극도의 주파수가 차감된 만큼의 주파수($\nu_1-\nu_2$)의 빛이 형성된다는 것이다. 이 빛들이 분자에서 산란되어 나오는 것이 Raman 산란이다. 즉, 들어간 빛과 나온 빛의 주파수 또는 에너지 차이가 편극도 변화의 주파수 또는 에너지이며, 여기에 분자의 회전 또는 진동에 대한 정보가 있다.

그렇다면 분자의 편극도는 왜 시간에 따라 주기적으로 변할 수 있을까? 분자의 회전운동을 생각해 보자. 분자가 만약 평면 타원형으로 생겼고, 평면 수직 방향의 회전축을 중심으로 회전하며 편광된 빛의 전기장(외부 전기장)이 〈그림 37〉처

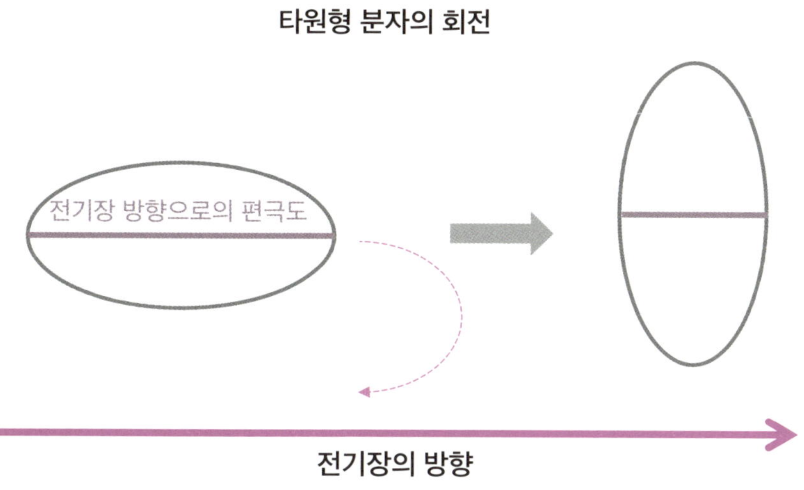

그림 37 비등방성을 가지는 분자의 회전 운동이 특정한 방향(자주색 화살표 방향)으로 편극도의 주기적인 변화를 보일 수 있다.

럼 이 분자 평면과 수평인 방향으로 형성되어 있다고 할 때, 그 전기장 방향으로의 분자의 길이는 시간에 따라 회전운동의 주기에 따라 바뀐다. 이 길이가 바뀌면 해당 축 방향으로의 편극도가 바뀌는 것이다. 회전운동 시 특정 방향으로 편극도가 주기적으로 바뀌려면 분자는 공 모양이 아닌 찌그러진 모양을 가져야 한다. 찌그러져야 한다는 표현을 더 유식하게 하자면, 분자가 비등방성을 가진다고 한다. 예를 들어 CH_4처럼 3차원 대칭 구조인 분자의 회전운동은 특정 방향으로의 편극도 변화를 수반하지 않기 때문에 Raman inactive하다(CH_4의 진동운동은 Raman에서 신호를 보인다. 즉 Raman active하다. 여기서 이야기하는 것은 CH_4의 회전운동이 Raman inactive 하다는 것이다).

진동운동의 경우, 운동 시 특정한 방향으로 분자의 길이가 변하면서 편극도가 변해야 Raman active하다. 앞에서도 설명한 바가 있는 〈그림 30〉 1)~3)의 CO_2의 세 가지의 진동모드 중 2번 비대칭 신축 모드는 한쪽 C-O 결합 길이가 늘어나며 다른 C-O의 결합 길이는 줄어들어 한쪽 산소 원자로부터 반대편 산소 원

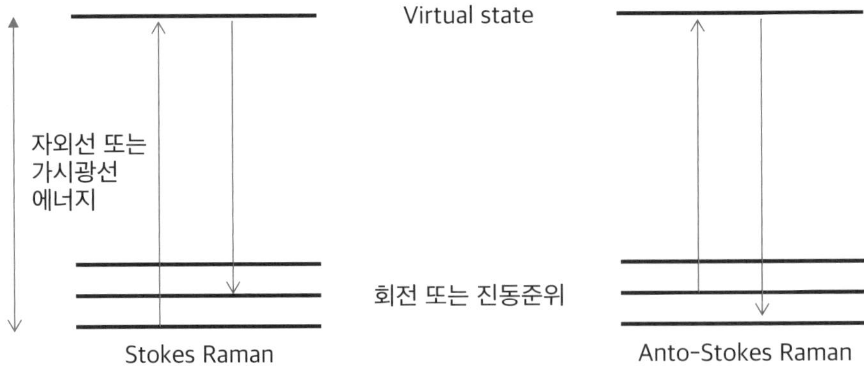

그림 38 Raman 산란에서 Stokes Raman과 Anti-Stokes Raman에 대한 양자화된 에너지 준위를 도입한 도식화된 설명이다.

자까지의 총 분자 길이는 진동운동을 하는 동안 변하지 않고 일정하며, 그러면 분자의 편극도도 일정하여 Raman inactive하다. 나머지 두 개의 진동모드는 진동 시 분자의 특정 축 방향으로의 길이가 변하며 Raman active하다. 좀 더 엄밀히 말하자면 한 축 방향으로의 전자구름 분포가 운동 시 시간에 따라서 변하면 Raman active하다. 특히 1)번 진동모드가 적외선 흡수분광법에서는 전이가 허용되지 않는데(IR inactive, 시간에 따라 분자의 쌍극자 모멘트가 변하지 않으므로), Raman에서는 대칭 신축 진동 과정에서 산소 원자 간 길이, 즉 총 분자 길이가 줄었다 늘었다 하며 편극도가 주기적으로 변해 active해짐을 생각해보면, IR과 Raman의 총체적 선택 규칙에 대해 더 잘 이해할 수 있을 것이다.

양자화학적으로 Raman 과정을 〈그림 38〉과 같이 그릴 수 있다. Anti-Stokes Raman이 위에서 이야기한 빛의 주파수와 회전 또는 진동 주파수가 합쳐진 경우($\nu_1 + \nu_2$)이며 Stokes Raman은 빛의 주파수에서 회전 또는 진동 주파수를 뺀 값의 전기장의 주파수($\nu_1 - \nu_2$)가 얻어지는 경우다. Virtual state는 사실 있는지 없는지 확실하지 않은 상태다. 다만 분자에 쪼여지는 빛의 에너지가 그 분자의 전자전이 에너지와 같으면 virtual state는 실제 전자의 unoccupied state에 해당할 수도 있다. 〈그림 38〉 바닥에는 $J = 0, 1, 2 \cdots\cdots$로 기술되는 회전준위 또는 $n = 0, 1, 2 \cdots\cdots$

로 기술되는 진동준위가 도식적으로 나타나 있다. 결국 Stokes Raman은 더 낮은 양자준위에서 출발하여 에너지가 상대적으로 높은 빛을 흡수하여 virtual state로 전이가 되었다가, 다시 virtual state에서 초기상태보다는 더 높은 양자준위로 내려오며, virtual state와 더 높은 양자준위 사이의 에너지 차이에 해당하는 빛을 방출하는 과정으로 볼 수 있다. 반면, Anti-Stokes Raman은 상대적으로 더 높은 양자준위에서 출발하여 빛을 흡수하고 virtual state로 전이하였다가, 거기서 다시 더 낮은 양자준위 상태로 내려오면서 빛을 방출하는 것이다. 결국 Stokes Raman에서는 처음 virtual state로 전이하며 흡수한 빛의 에너지보다는 양자준위들 사이의 전이 에너지만큼 적어진 에너지를 가지는 빛이 방출되며, Anti-Stokes Raman에서는 처음 흡수한 빛의 에너지보다 양자준위들 사이의 전이 에너지만큼 더해진 에너지의 빛이 방출된다. 여기서 더 적어지거나 더해진 만큼의 에너지가 회전 또는 진동에너지 준위 사이의 에너지 차이에 해당한다.

〈그림 38〉에서는 특수 선택 규칙은 고려하지 않고 Raman의 초기상태와 최종상태의 양자준위 사이의 상대적인 에너지 차이만 표현하였으나 사실 Raman에서도 특수 선택 규칙을 고려해야 한다. 이원자 분자의 순수한 회전운동의 Raman 특수 선택 규칙은 $\Delta J = 0, \pm 2$이다. 왜 여기에 $J = 0$을 포함시키는지는 뒤에 회전과 진동이 동시에 일어나는 경우에서 설명할 기회가 있을 것이다. $J = 0$이면 전이가 일어나지 않는 것이 아닌가 의아해하는 사람들이 있을지 몰라 미리 이야기해 둔다. 결국 Raman 산란에 의한 분자의 회전준위에 대한 연구에서 Raman 산란되어 나오는 빛의 에너지는 쪼여지는 빛의 에너지에서 $J = 0 \rightarrow 2, J = 1 \rightarrow 3$ 등등의 전이에 대한 에너지가 빠지거나(Stokes Raman) 더해진(Anti-Stokes Raman) 값이 된다. 앞에서 이야기한 선형 분자의 회전준위를 생각해보면 Raman은 0, $6B$ ($J = 0 \rightarrow 2$), $10B(J = 1 \rightarrow 3)$에 해당하는 파수에 상응하는 Raman 산란들이 일어나, Raman 선들 사이에 $4B$에 해당하는 파수의 차이가 형성된다. Raman 진동 분광법의 특수 선택 규칙은 흡수 분광법에서의 특수 선택 규칙과 같은 $\Delta n = \pm 1$이다.

지금까지 흡수 분광법, Raman 분광법에 대해 살펴보았다. 흡수 분광법에서는 백색광 중 흡수하는 파장이 양자화학적인 정보를 준다. Raman의 경우 분자에 쪼여지는 빛과 분자에서 산란되어 나오는 빛 사이의 주파수 또는 에너지 차이가 양자화학적 정보를 준다.

순수한 회전에 대한 경우는 상대적으로 간단하다. 문제는 진동의 전이가 일어날 경우 진동전이보다 훨씬 낮은 에너지에서도 일어날 수 있는 회전전이도 동시에 일어난다는 것이다. 액체나 고체에서는 개별적인 분자가 진동은 하더라도 분자 간의 힘에 의해 자유롭게 회전은 하지 못하기 때문에 이 문제를 고려할 필요가 없다. 그런데 기체에서는 진동 분광학 연구에서 회전전이도 고려해야 한다. 이에 대해서는 뒤에서 더 자세히 정리할 것이다.

지금까지는 대부분 이원자 분자의 경우만 살펴보았다. 지금까지 언급한 모든 특수 선택 규칙도 다 이원자 분자 또는 선형 분자에 대한 것이다. 분자의 진동도 대부분 조화진동자 모델에 의거한 것들에만 국한지어 설명하였다. 실제로 분자는 비선형 구조를 가질 수 있으며 이때 분자 하나당 여러 개의 회전상수를 고려해야 하며, 회전운동을 기술하는 식들과 특수 선택 규칙은 더 복잡해진다. 진동의 비조화성을 고려하는 것도 상황을 더 복잡하게 만든다. 화학자로서 분광학에 대해 여기에 기술된 내용에 그치지 않고 더 심화된 공부를 해야 하는 이유이다.

〈그림 39〉에서 나타낸 바와 같이 불연속적인 각 진동준위 부근에는 아주 미세한 회전준위들이 존재한다. 같은 진폭으로 분자가 진동하더라도 각기 다른 속도로 분자가 회전하는 경우들이 같은 진동준위의 각기 다른 회전준위에 해당한다. 〈그림 39〉는 회전과 진동준위의 가장 간단한 경우에 대한 묘사로 이는 2개의 원자로 이루어진 분자에 대한 진동 및 회전 에너지 준위의 모식도로 볼 수 있겠다. 원칙적으로 유사한 그림이 분자의 원자 수가 3개 이상인 경우에도 적용될 수 있다. 다만, 분자 안의 원자 수가 많아질수록 각기 다른 진동 주파수 ν를 갖는 진동모드의 수가 많아지고, 회전준위를 기술하는 식도 비선형 분자의 경우 회전상수가 B 하나가 아닌 각기 다른 2개 내지 3개의 회전상수로 이루어져 있어, 이 에너지 준위 그림이 〈그림 39〉보다는 2차원의 그림으로 표현하기는 힘들 정도로 훨씬 더 복잡해진다.

인접한 진동준위 사이의 에너지 간격은 적외선에 해당하는 상대적으로 큰 에너지이나, 회전준위 사이의 에너지는 마이크로파에 해당하며 이는 적외선보다는 훨씬 작은 에너지임을 상기하자. 흡수 분광법에서 회전전이의 특수 선택 규칙은 $\Delta J = \pm 1$이라고 1장에서 설명한 바가 있는데, 이는 마이크로파를 이용한 순수한 회전전이에 해당하는 특수 선택 규칙이고 사실은 ΔJ가 0도 원칙적으로는 가

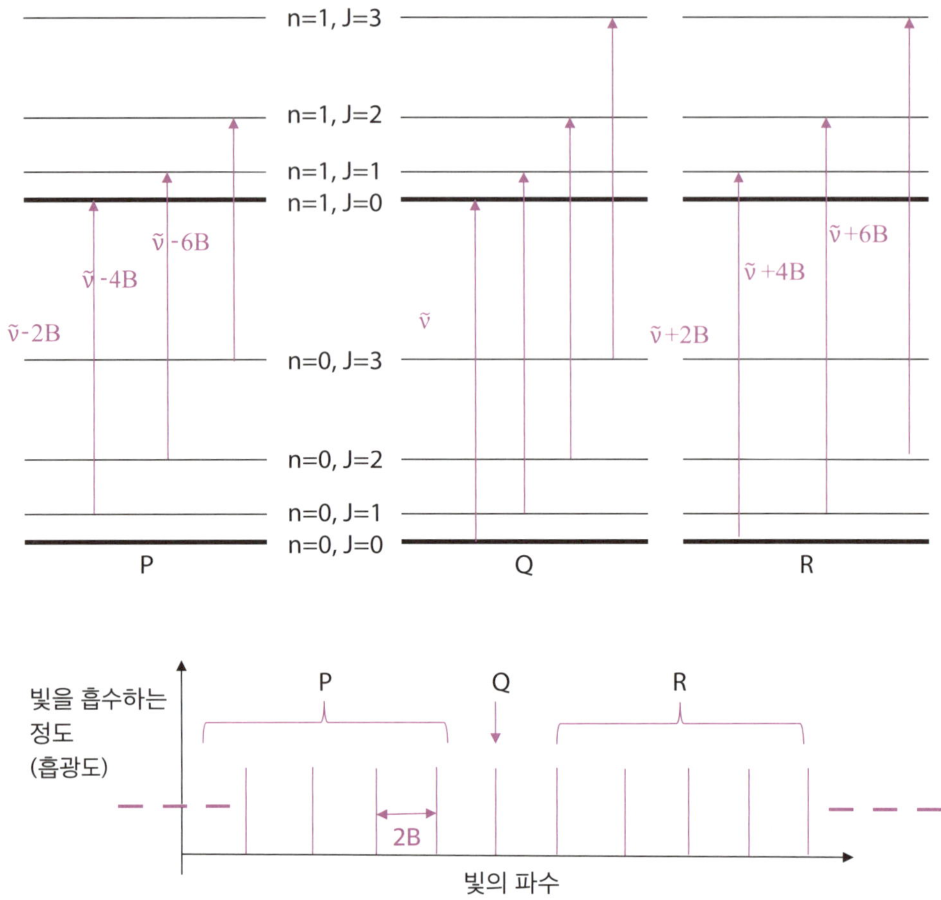

그림 39 위는 적외선 흡수에 의해 이원자 분자에서 일어날 수 있는 각기 다른 진동준위(n)와 회전준위(J)의 전이(PQR branch)에 대한 모식도이다. 아래는 이러한 전이가 일어날 때 나타나는 흡수 스펙트럼의 모식도이다.

능할 수 있다(대부분의 이원자 분자에서는 이에 대한 전이 쌍극자 모멘트가 0으로 나타나지 않으나, 일부 이원자 분자와 다원자 분자의 특정 모드에서는 나타나는 경우도 있다). 진동준위의 전이가 일어나면서, 회전준위에 대한 J의 변화는 일어나지 않는 경우가 이에 해당한다. 진동전이의 특수 선택 규칙은 $\Delta n = \pm 1$이다.

〈그림 39〉에 나타난 바와 같이, 적외선, 즉 IR의 흡수로 $\Delta n = 1$에 해당하는 진동전이, 예를 들어 $n = 0$에서 $n = 1$로 전이가 일어난다고 가정해 보자. 이 진동

전이가 일어나면서 $\mathit{\Delta}J=-1$인 전이, 즉 $J=2$에서 $J=1$, $J=3$에서 $J=2$, $J=4$에서 $J=3$ 등의 전이가 동시에 일어난다고 하면 각 전이 사이의 에너지 차이는 $2B$의 파수에 해당한다. 각 회전준위의 에너지를 hc로 나눈 값 파수는 $BJ(J+1)$임을 기억하자. 위에서 이야기한 전이에 의한 흡수선들을 모두 합쳐 P branch라고 한다. $\mathit{\Delta}J=0$인, 즉 J가 0에서 0으로, 1에서 1로 이동하는 경우에 해당하는 전이를 Q라고 하고 모든 Q는 에너지가 같다. 이때 흡수하는 에너지는 순수한 진동전이 에너지이며 회전에 대한 전이 에너지는 포함하지 않고 이를 〈그림 39〉에서 $\tilde{\nu}$(진동전이 에너지를 hc로 나눈 진동 파수)로 표기하였다. $\mathit{\Delta}J=1$인, 즉 $J=0$에서 $J=1$, $J=1$에서 $J=2$ 등으로의 전이가 R branch이다. 역시 각 흡수선 간 $2B$ 차이가 난다. 이 branch 들의 에너지 순서는 P 〈 Q 〈 R이다.

앞에 설명된 PQR branch는 〈그림 39〉 아래에 나타난 것과 같은 흡수 분광 스펙트럼을 보인다. 사실은 각 흡수선의 길이가 서로 다른데, 이에 대해서는 일단 자세히 설명하지 않고 그림에 따로 표기하지도 않고 넘어가도록 하겠다.

〈그림 40〉의 실험 결과처럼, 고체 표면을 IR을 이용하여 연구하는 경우 간혹 1600cm^{-1}와 3500cm^{-1} 부근에서 날카로운 선들 또는 자글자글한 신호들이 미세한 간격으로 나타나는 경우가 있다. 참고로 IR 흡수 스펙트럼에서 x축은 위에서 언급한 대로 에너지를 hc로 나눈 파수로 표기하는 경우가 대부분이다. 〈그림 39〉 아래의 스펙트럼 모식도에서는 y축을 빛을 흡수하는 정도인 흡광도로 표기하였으나, 〈그림 40〉의 실험 결과에서는 빛을 투과하는 정도인 투과도로 표기하여 이 경우 흡수 신호가 위로 올라가지 않고 아래쪽으로 내려간 선 내지 움푹 파인 골짜기 형상을 보인다. 이런 자글자글한 신호를 스펙트럼에서 처음 접한 경우, 거의 모든 대학원생들이 이것은 뭔가 이 스펙트럼에 잘못된 신호가 섞여 들어온 결과물이라고 생각한다. 일종의 외부 잡음, 즉 noise라고 생각한다. 또는 간혹 이러한 신호가 고체 표면에서 반사된 빛의 스펙트럼에서 얻어진 경우라면 이를 고체 표면에 형성된 액체나 기체 분자들의 흡착 구조 내지 반응 중간체의 구조로 해석하려고 하기도 한다.

그런데 사실 이 신호들은 대기 중 물 분자의 PQR branch이다. 3500cm^{-1} 부근에서는 물 분자의 신축 진동전이와 회전전이가 함께 일어나는 신호가 나오고,

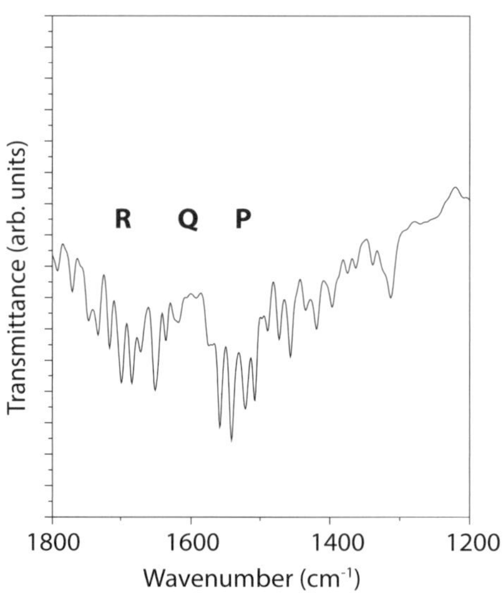

그림 40 〈그림 39〉에서 나타낸 PQR branch의 실제 실험 예이다. 대기 중 수증기(물 분자)의 굽힘 진동과 회전에 해당한다. 저자의 실험실에서 얻은 데이터이다.

$1600cm^{-1}$ 부근에서는 물 분자의 굽힘 진동과 회전의 전이가 동시에 일어나는 신호들이 나타난다. IR 빛이 광원에서 나와 고체 표면을 쪼이고 거기서 반사되어 검출기로 들어가는 과정의 빛의 경로에는 일부 공기가 포함된다. 공기 중 수분, 즉 물 분자가 빛을 흡수하며 진동-회전전이를 일으키기 때문에, 고체 표면을 연구하는 과정에서도 이러한 물 분자의 진동-회전 신호가 나올 수 있는 것이다. 물론 내 실험실에서는 이런 신호가 표면의 흡착 구조 또는 반응 중간체에서 나오는 신호와 겹쳐지면 우리가 원하는 연구에 방해가 되기 때문에 이를 최소화시키기 위해 노력한다. 이런 신호가 나오는 원인을 정확히 알아야 그 신호를 정확히 해석하거나 그 신호를 줄이는 노력을 체계적으로 할 수가 있다. 분광학은 원리의 이해와 실무적 경험이 모두 중요하다. 그런 경험을 하고 싶다면, 계면물리화학연구실을 찾아오길 바란다.

Raman 분광법의 회전 특수 선택 규칙은 $\Delta J = 0, \pm2$이다. 진동전이(진동에 대한 Stokes건 Anti-Stokes건)와 함께 $\Delta J = -2$며 각 흡수선 간 파수가 $4B$씩 차이가 나는 O, $\Delta J = 0$인 Q. $\Delta J = 2$이며 각 선 간 $4B$씩 차이가 나는 S branch가 있다. 이

118　　　　　　　　　　　　　　　　　　　　　

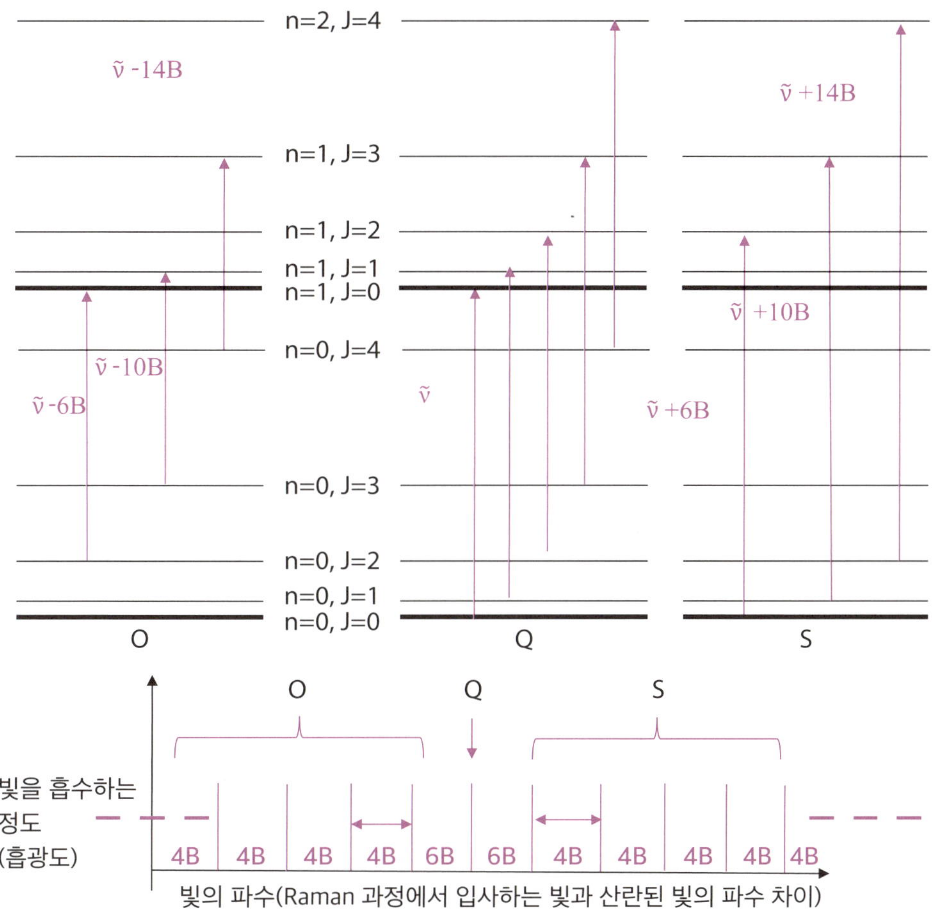

그림 41 위는 Raman 산란에서 이원자 분자에서 일어날 수 있는 각기 다른 진동준위(n)와 회전준위(J)의 전이(OQS branch)에 대한 모식도이다. 아래는 이러한 전이가 일어날 때 나타나는 Raman 스펙트럼의 모식도이다.

러한 OQS branch는 〈그림 41〉에 도식적으로 나타나 있다. 〈그림 39〉에 PQR에 대한 자세한 설명을 이미 하였으니, 이를 참고하여 〈그림 41〉의 OQS branch를 이해하려고 노력해보기 바란다. 결국 흡수 분광법이든 Raman 분광법이든 이러한 진동–회전전이 스펙트럼에서 회전상수 B와 진동 파수 $\tilde{v}$를 알아내 이 값들을 이용하여 1장에서 설명한 바와 같이 분자 구조를 알아낼 수 있다.

8 전자전이: 전자의 스핀에 대하여

지금까지 회전, 진동 등 핵의 운동에 대한 분광학적 분석에 대해 살펴봤는데, 이제 가시광이나 자외선을 흡수 또는 방출하는 전자전이에 대한 이야기를 좀 해 보자. 앞에서 설명한 대로 특정한 축 방향으로 even function인 오비탈과 odd function인 오비탈 사이의 전이는 일어나나, even 사이 또는 odd function 사이의 전이는 일어나지 않는다. 이 내용을 이해하기 어렵다면 앞에 기술한 전이 쌍극자 모멘트에 대해 다시 읽어보면 된다. 이 내용에 기인한 것이 소위 말하는 Laporte 선택 규칙이다. 이를 이해하기 위해서는 일반화학 책에 있는 오비탈의 모양 뿐만 아니라 하나의 오비탈 부분별 파동함수의 부호를 잘 살펴봐야 한다. 그러면 s와 p 사이 전이, p와 d 사이의 전이 등은 일어날 수 있는데, s-s, d-s, d-d, s-d 등은 전이가 일어날 수 없다는 것을 알 수 있다. 물리화학에서는 이를 gerade, ungerade라는 inversion symmetry에 대한 개념으로 설명하는데, 이에 대한 설명은 여기서 생략하겠다.

또 한 가지 생각해 보아야 할 것은 전자의 스핀이 빛을 흡수하거나 방출하는 전이 과정에서 바뀔 수 있는가이다. 우리가 알다시피 전자는 스핀 업 또는 스핀 다운 상태로 존재할 수 있다. 이 질문의 답은 NO이다. 양자화학의 선택 규칙에 의하면 빛을 흡수한다고 해서 전자의 스핀이 바뀔 수가 없다.

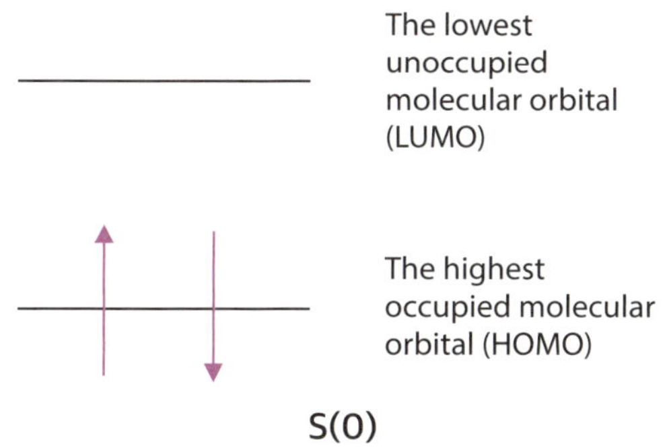

그림 42 최외각 전자 2개가 오비탈 하나를 완전히 차지한 상태의 전자배치를 나타내었다.

〈그림 42〉를 보자. 어떤 분자 안에 전자 2개가 각기 다른 스핀을 가지고 차 있는 HOMO(the highest occupied molecular orbital)와 그 바로 위에는 전자가 차 있지 않은 LUMO(the lowest unoccupied molecular orbital)가 있다고 하자. 2개 전자의 스핀 양자수 m_s는 각각 $+\frac{1}{2}$과 $-\frac{1}{2}$이며 그 합인 S는 0이 된다. (2S+1)을 스핀 다중도라고 하는데 여기서 2S+1=1 이며, 이 상태를 1에 해당하는 용어인 singlet state 라고 부른다. 사실 여기서 스핀 다중도 1은 이 스핀 상태의 퇴화도를 의미한다. 이걸 이해하려면 양자화학을 좀 더 공부해야 하는데, 일단 전자의 스핀의 총 합은 S, 2S+1은 스핀 다중도로 그 스핀 상태의 퇴화도라고 알고 넘어가자. 이 상태를 편의상 S(0)라고 하자. S는 singlet state를 의미하고 (0)는 가장 에너지가 낮은 상태라는 것에 대한 표기이다.

S(0) 상태에서 빛을 흡수하여 들뜬 상태가 되면 〈그림 43〉처럼 전자의 스핀이 변하지 않고 전자 하나가 원래 LUMO로 올라가서 S(1)을 형성할 수 있다. 여기서 S는 singlet state, 괄호 안의 1은 0보다는 에너지가 높은 상태라는 의미이다. 반면 전자가 들뜨면서 전자의 스핀도 바뀌어 T(1)을 형성할 수도 있다. 물론 이 과정은 앞서 이야기한 전이에서 스핀은 보존되어야 한다는 선택 규칙에 위배되는데, 이에 대해서는 바로 뒤에 설명을 더 할 것이다. 여기서 T는 triplet state 를 의미한다. 두 전자의 스핀 양자수가 모두 $+\frac{1}{2}$이라 이 둘을 합치면 S=1이 되고

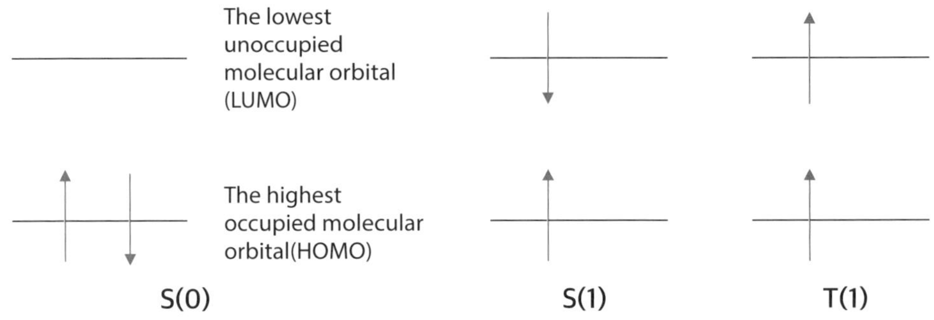

그림 43 최외각 전자 2개가 최외각 오비탈 2개에 각기 다른 형태로 배치되어 있는 상황에 대한 모식도이다.

2S+1=3이기 때문이다(triple은 3을 의미하는 것은 다들 알 것이다). T(1)과 S(1)의 에너지를 비교하면 T(1)이 더 안정하다(낮다). 둘 다 같은 분자궤도함수에 전자가 하나씩 차 있는데, T(1)은 훈트 규칙을 만족하는 반면 S(1)은 그렇지 않다. 훈트 규칙은 일반화학에서 원자오비탈의 전자배치에 대해 공부하며 배운 바가 있을 것이다.

앞에서 이야기했듯이 빛에 의한 전자의 전이에서 스핀 상태가 바뀔 순 없다. 그래서 S(0) 상태에서 빛을 흡수하면 S(1)으로 전이가 일어난다. S(0)에서 T(1)으로 전이가 될 확률이 0이라고는 단정적으로 이야기할 수 없겠으나, 양자화학적으로 금지된 이런 전이가 일어날 확률은 실제로는 매우 작다, 또는 이런 전이는 매우 느리게만 일어난다. S(1) 상태에서 들뜬 전자가 다시 S(0)로 내려오면서 빛을 방출할 수 있는데 이 과정을 형광이라고 한다.

반면 S(1)에서 에너지가 더 낮은(위에서 설명한 훈트 규칙 때문에) T(1)으로 빛의 방출을 수반하지 않고 에너지를 열의 형태로 잃어버리면서 내려올 수도 있다(이를 유식한 말로는 intersystem crossing이라고 한다). 열의 형태로 에너지를 잃어버린다는 것은 분자 자기 자신과 주변에 있는 분자들의 핵 운동을 더 활발하게 만드는 방식으로 에너지를 방출한다는 것을 의미한다고 이해하면 되겠다. 빛의 흡수나 방출을 수반하지 않고 열의 형태로 에너지를 얻거나 버리면서 전자의 에너지 준위 사이의 이동이 일어난다면 이 경우에는 선택 규칙의 적용을 받지 않는다.

처음 만나는 물리화학

지금까지 설명한 모든 선택 규칙이라는 것들은 빛의 흡수나 방출이 수반되는 전이에만 적용된다. 이 내용도 잘 이해가 안 된다면, 선택 규칙이 전이 쌍극자 모멘트에서 기인한 것을 상기하고 전이 쌍극자 모멘트에 대해서 다시 공부하자. 여하튼 T(1)까지 내려온 전자는 이제 원칙적으로 빛을 방출하며 S(0)로 돌아갈 수가 없다. 스핀을 바꾸는 광학적 전이가 선택 규칙을 고려할 때 불가능하기 때문이다. T(1)에서 S(0)으로 이동하는 과정에서는 많은 에너지가 한 번에 방출되어야 하는데, 이 과정이 열의 방출을 수반해서 일어나지는 않는다. 열의 방출을 수반한 전자의 에너지 준위 간 이동은 해당 에너지 준위들의 각기 다른 진동준위로 구성된 사다리들이 서로 겹쳐져 있어서 에너지를 점진적으로 잃어버릴 수 있는 경우에만 가능하다. 실제로는 이 T(1)에서 S(0)로의 빛의 방출을 수반한 전이가 아주 안 일어나지는 않는데 아주 천천히 일어난다. 이를 인광이라고 한다. 형광은 전이속도가 크기 때문에 나노 초 수준의 시간 범위에서 일어나는데 인광은 마이크로 초 또는 그보다 훨씬 더 긴 시간에 걸쳐서 일어난다. 원래는 이론적으로 금지된 전이인데 실제로는 일어나기는 하지만 그 확률이 매우 낮아 천천히 일어날 수밖에 없기 때문이다. 인광은 낮에 빛을 받아서 밤에 빛을 발하는 야광 물질을 생각하면 될 것 같다.

9 전자전이: 프랑크-콘돈 원리

우리는 이원자 분자의 진동운동을 공부하면서 〈그림 44〉에 나타낸 것과 같은 원자 간 거리에 대한 위치에너지의 변화를 나타내는 그래프에 대해서 다룬 적이 있다. 〈그림 44〉의 그래프에는 진동자의 위치에너지와 운동에너지를 고려한 파동방정식의 해로 얻어지는 양자화된 진동에너지 준위도 표기되어 있다. 이 그림에는 각 진동에너지 준위와 더불어 각 진동에너지 준위의 파동함수 제곱의 분포도 그려져 있다. 이 확률 분포 중간에 그 값이 0인 부분을 노드(node)라 하는데(〈그림 44〉 오른쪽 그림), 에너지 준위가 높아질수록, 즉 양자수가 증가할수록 노드의 개수는 증가한다. 우리가 1장 양자화학에서 상자 속의 알맹이를 공부하며 배운 내용을 살펴보면 양자화된 준위의 에너지가 증가할수록 파동함수의 부호가 바뀌는 지점의 개수가 많아지는데 그런 지점이 많아진다는 것은 결국 노드의 수가 증가하는 것이다.

〈그림 44〉는 어떤 분자의 특정한 전자 상태에 대한 것이다. 전자가 빛을 받아 들뜨면 일단 이 그래프는 위(높은 에너지로)로 이동한다. 전자전이의 초기상태의 위치에너지 그래프는 〈그림 45〉에서 아래쪽에, 최종상태의 그래프는 더 위에 위치한다. 〈그림 44〉와 〈그림 45〉에서 y축이 에너지인데, 빛을 흡수하며 전자가 들뜨면 분자의 전체 에너지는 증가하기 때문이다. 문제는 이런 에너지의 증가, 즉 〈그

처음 만나는 물리화학

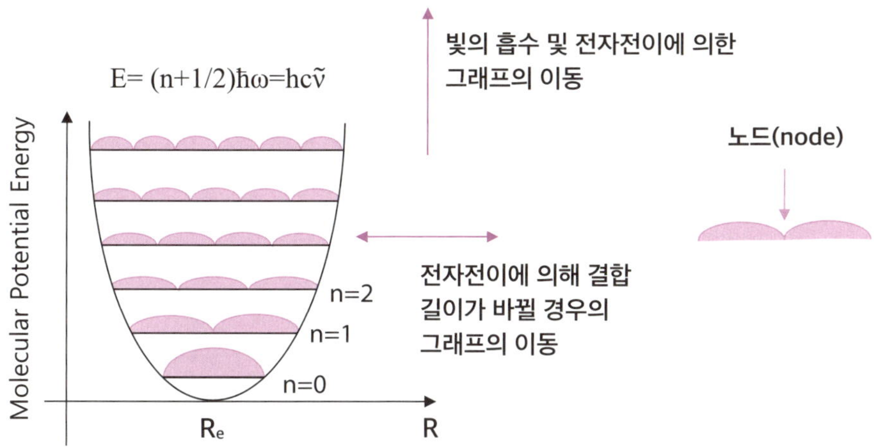

그림 44 조화진동자의 원자 위치에 따른 위치에너지 변화 함수와 양자화된 에너지 준위, 각 준위의 파동함수의 제곱 분포(자주색)가 표기되어 있다. 오른쪽에는 파동함수의 노드에 대한 설명이 도식화되어 있다. 또한 그래프가 전자전이에 의해 어떤 상황에서 어떤 방향으로 위치 변화를 일으킬 수 있는 지에 대한 설명이 그림에 나타나 있다.

림 45)에서의 그래프의 수직 방향으로의 이동뿐만 아니라 전자가 들뜸에 따라서 이 위치에너지 그래프는 x축 방향으로도 이동할 수 있다는 것이다. 예를 들어서 전자가 결합 오비탈에서 반결합 오비탈로 빛을 흡수하여 전이가 되는 상황이라고 가정하자. 그러면 전자가 들뜨면서 분자의 결합 길이 R_e도 늘어나게 된다. 결합 오비탈에서 전자가 하나 빠지면 결합 차수가 -0.5가 되고 반결합 오비탈에 전자가 하나 차면 추가적으로 결합차수가 -0.5가 되는 일반화학의 분자궤도함수 내용을 상기하자.

결국 결합 오비탈에서 반결합 오비탈로 전자의 전이가 일어나면 이원자 분자의 결합 차수가 1이 줄어들며 결합력은 낮아지고 결합 길이 R_e는 늘어나게 된다. 결국 이 경우 〈그림 45〉에서 분자의 위치에너지 그래프는 전자전이에 의해 더 높은 x값의 방향으로도 이동하게 된다. 〈그림 45〉 왼쪽에서는 이렇게 S(0)에서 S(1)으로의 전자전이에 의해 위치에너지 그래프가 수직, 수평 모두 이동하게 될 수 있음을 보여주고 있다.

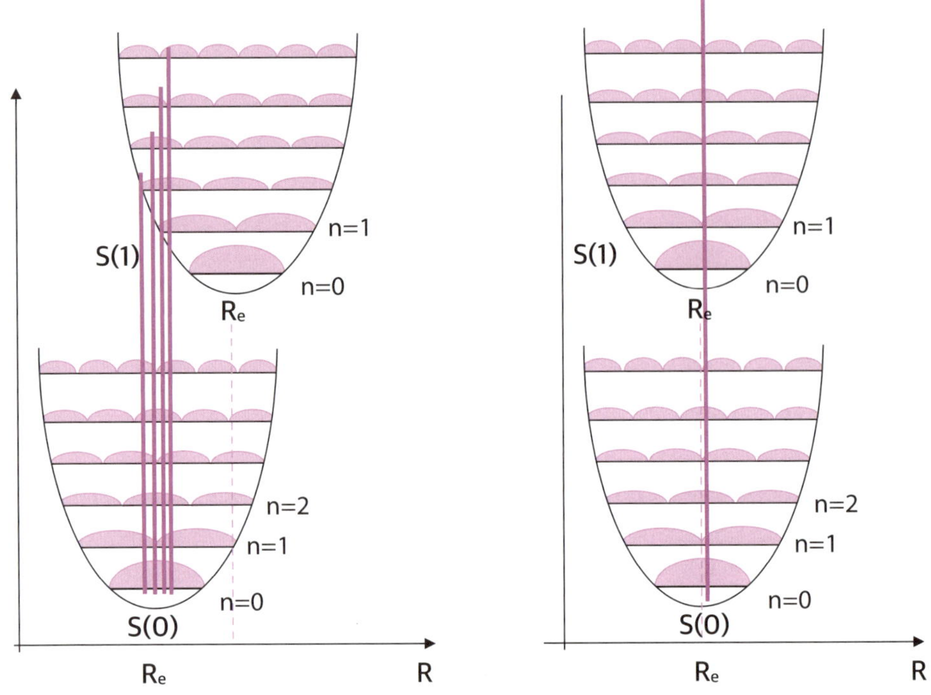

그림 45 이원자 분자의 S(0) 전자배치에서 S(1)으로 빛의 흡수를 통해 전자전이가 일어날 때 수직전이가 일어나는 상황으로 왼쪽은 전자전이에 의해 원자 간 결합 길이가 늘어나는 상황에 대한 모식도이며, 오른쪽은 전자전이로 인해 원자 간 결합 길이는 변하지 않는 상황이다. 본문에 자세히 설명된 수직 전이를 나타내었다.

〈그림 45〉 왼쪽의 경우가 전자가 S(0)에서 빛을 흡수하여 S(1)으로 들뜨면서 결합 길이가 늘어난 경우에 해당한다면, 같은 그림의 오른쪽은 전자의 전이로 인하여 결합 길이가 거의 변하지 않은 경우로, 전자가 non-bonding character를 가지는 분자궤도함수들 사이에서 이동하는 경우이다. 물론 전자가 전이되면서 결합 길이가 짧아지는 경우도 있을 수 있는데, 이에 대해서는 그림을 그리지 않았다.

특정한 전자 상태에 있는 분자의 원자 간 길이는 우리가 일반적으로 알고 있는 결합 길이 R_e를 중심으로 그보다 늘었다 줄었다를 반복하며, 이것이 이미 여러 차례 설명한 바가 있는 분자의 진동운동이다. 그런데 이 진동운동의 속도는 핵의 운동 속도에 해당하며 핵은 전자에 비해 훨씬 더 무겁기 때문에 그 운동이 매우 느리다. 반면 더 가벼운 전자는 그 운동 속도가 더 빠르다. 유사한 문제를 앞의 1장 양자화학의 본-오펜하이머 근사에서 다룬 적이 있다. 그러면 전자가 빛을 받아서 전이하는 동안 진동운동은 멈춰 있다고 볼 수 있다. 전자의 전이가 일어나는 동안 원자 사이의 거리 R은 변하지 않으며 그러면 〈그림 45〉에서 전자는 더 높은 에너지 상태로 올라가는 동안 x축 원자 간 거리 R은 일정한 값을 유지해야 하며 이는 〈그림 45〉에서 표기한 수직 전이에 해당한다.

프랑크-콘돈 원리에 의하면 이때 전이 확률은 초기상태(위의 경우 S(0))의 진동 파동함수(vibrational wavefunction, 〈그림 45〉에서 표기된 것은 이 진동 파동함수의 제곱)와 최종상태(위의 경우 S(1))의 진동 파동함수의 곱의 적분값, 즉 두 파동함수가 같은 부호끼리 얼마나 서로 많이 겹치고 다른 부호끼리는 겹치지 않느냐에 따라 결정이 된다. 이 적분값이 크면 클수록 빛을 흡수하고 해당 전이가 일어날 확률이 높아진다는 것이다. 이 값이 크면 클수록 해당 에너지의 빛을 흡수하는 정도(흡광도)가 더 커지게 된다.

〈그림 46〉에서 빛을 흡수하기 전 분자는 S(0) 상태에 있으며, 진동운동은 $n = 0$인 상태에 있다(온도가 너무 높지 않은 경우). 여기서 수직 전이가 일어나는 경우, S(0)의 $n = 0$의 파동함수와 들뜬 상태인 S(1)의 $n = 0, n = 1, n = 2 \cdots$의 파동함수가 각각 서로 얼마나 많이 겹치는지 살펴보면, 이 그림에서는 S(0)의 $n = 0$과 S(1)의 $n = 0$는 좌표상으로 다른 부분에 있어서 그 파동함수들이 서로 겹치지 않으나 S(0)의 $n = 0$과 S(1)의 $n = 1, n = 2, n = 3 \cdots$은 다 같은 x값에서 0이 아닌 파동함수 값을 갖게 되어 그 파동함수들은 어느 정도 서로 겹쳐지게 된다고 볼 수 있겠다. 이렇게 파동함수들이 서로 같은 좌표에서 겹쳐지게 되면 앞에서 이야기한 전이확률은 0이 아니게 된다. 그래서 결국 이 계는 빛의 흡수에 의해 〈그림 46〉의 오른쪽 옆에 표기된 것과 같은 흡수 스펙트럼을 보인다. 이 흡수 스펙트럼의 x축은 흡광도이고, y축이 에너지로 우리가 일반적으로 알고 있는 흡수 스펙트럼을 90° 돌려놓은 형태라고 이해하면 된다. 물론 파동함수들의 겹침의 정도에 따라 흡광도가 달라져 각 흡수선의 길이가 달라질 것이나 그림에서 그런 세부적인 것까지는 묘사하지 않았다.

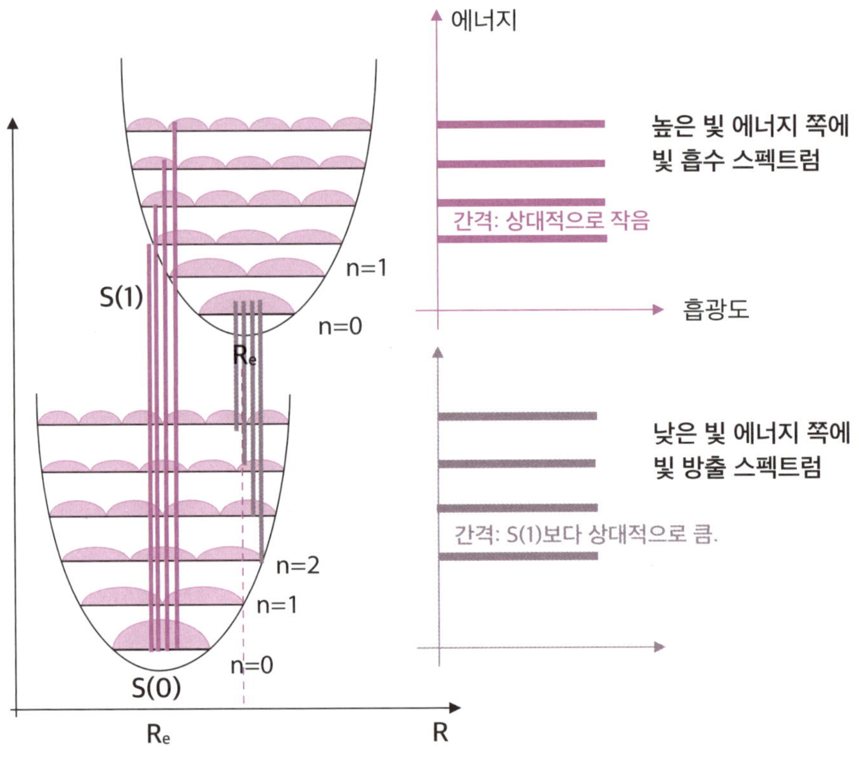

그림 46 〈그림 45〉의 왼쪽 그림의 상황(그림의 왼쪽)에서 빛을 흡수하면서 나타나는 흡수 스펙트럼(오른쪽 위의 자주색)과 빛 방출 스펙트럼(오른쪽 아래 회색)이 도식화되어 있다.

만약 전자가 S(1)의 $n = 0$보다 더 높은 진동준위로 빛을 흡수하여 올라갔다고 하면 거기서 S(1) $n = 0$인 상태까지 빛을 방출하지 않고 열의 형태로 에너지를 방출하며 내려올 수 있다. 좀 유식한 표현을 하자면 이러한 상황을 non-radiative relaxation이라고 한다. 그 다음 S(1) $n = 0$ 상태에서 S(0)로 내려올 때 다시 프랑크-콘돈 원리에 의거하여 수직 전이를 하게 된다(〈그림 46〉의 회색 표시). 여기서 특정한 파장을 가지는 빛만 방출하게 되는데, 방출 스펙트럼의 선 사이의 에너지 간격은 S(0)의 진동준위 사이의 간격이다. 반면, 위에서 언급한 흡수 스펙트럼의 선 사이의 에너지 간격은 S(1)의 진동준위 사이의 간격이다. 이 그림에서 그렇게 자세하게 표현하진 않았지만, 원칙적으로 자주색 수평 방향의 선 사이의 간격이 회

처음 만나는 물리화학

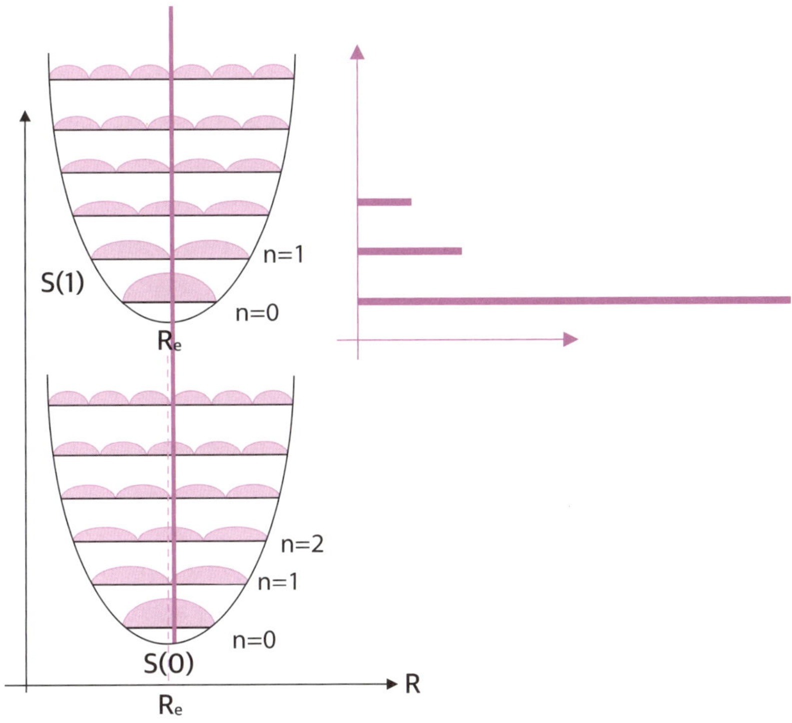

그림 47 〈그림 45〉의 오른쪽 전자전이에 의해 결합 길이가 변하지 않는 상황에 대한 전자전이에 의한 흡수 스펙트럼의 모식도가 오른쪽에 나타나 있다.

색 선 사이의 간격보다는 더 작아야 한다. 왜냐하면 S(1)의 결합 길이가 더 길고, 그렇다는 이야기는 결국 결합력이 더 약해서 진동자의 힘상수 k가 더 작아지기 때문이다(진동에너지는 $E = (n + \frac{1}{2})\hbar\omega, \omega = \sqrt{\frac{k}{\mu}}$ 임을 앞에서 배웠다). 사실 이 정도까지도 이해를 할 수 있다면 학부 수준에서는 분광학에 대한 상당한 수준의 이해도를 갖췄다고 볼 수 있다(이 정도를 쉽게 이해하는 학부생이라면 어쩔 수 없이 대학원에서 물리화학을 전공해야 할 운명이라고 본다).

〈그림 47〉의 경우에는 S(0)의 $n = 0$과 S(1)의 $n = 0$의 파동함수 좌표가 거의 같아서 이들 간의 겹침이 S(1)의 $n = 1$ 또는 그 이상의 준위들의 파동함수와의 겹침보다는 훨씬 크다. 그래서 S(0), $n = 0$으로부터 S(1), $n = 0$으로의 전이 확률이 S(1), $n = 1, 2, 3 \cdots\cdots$ 등으로의 전이 확률보다는 훨씬 크게 되며, 결과적으로 〈그

림 47〉에서 도식화된 것처럼 큰 흡수선 하나와 옆에 작은 흡수선들이 나타나게 된다.

자외선이나 X-선을 흡수하는 광전자 분광법에서는 빛을 흡수하여 광전자가 방출되며 빛을 흡수한 분자 또는 개체는 이온화가 된다. 이 경우를 〈그림 46〉과 비슷하게 그려 보자면, 초기상태인 아래 쪽에 위치한 그래프가 0인 상태라고 했을 때 위 쪽의 최종상태는 +1가 상태가 된다. 만약 전자를 결합 오비탈에서 이온화시킨 것이라면 최종상태의 그래프는 초기상태 대비 위와 오른쪽으로 이동해 있어야 한다. 반결합 오비탈의 전자를 이온화시킨 경우라면 최종상태의 위치에너지 그래프는 초기상태보다 위 왼쪽으로 이동되어 있어야 한다. Non-bonding 오비탈의 전자를 이온화시켰다면 위치에너지 그래프는 초기상태 대비 최종상태에서 더 위에 나타나며, 좌우로는 차이가 없어야 한다.

간혹, 표면과학 관련 강의에서 $CO(g)$의 광전자 분광스펙트럼에 대해서 자세히 다루는데 여기서 프랑크-콘돈 원리는 매우 중요하다. 기체 상태 분자의 분광스펙트럼을 표면에 흡착된 분자와 비교할 경우 표면과 분자의 상호작용에 대한 정보를 얻을 수 있어 표면물리화학에서도 기체 분자의 분광학 데이터는 매우 중요한 의미를 가진다.

10 핵자기공명법(Nuclear Magnetic Resonance, NMR)

핵자기공명은 지금까지 다룬 핵의 운동이나 전자의 운동에 대한 양자 에너지 준위와는 조금 다른 원리에 의해 작동한다. 유기화합물의 분석에 가장 많이 이용되는 방법이며 고체 화합물의 분석에도 이용한다. 핵자기공명법을 이용한 분석의 원리와 실전에 대해서는 유기화학 관련 강의에서 자세히 배울 수 있으며 여기서는 그 기초 원리만 간단히 정리하려고 한다.

수소의 핵에는 양성자가 하나 있다. 핵의 양성자와 중성자도 전자와 비슷하게 스핀 운동을 하며 각각의 스핀 양자수는 $+\frac{1}{2}$ 또는 $-\frac{1}{2}$이다. 양성자와 중성자도 원자오비탈과 비슷한 원리로 핵 안에 있는 오비탈을 채워나가게 되며, 핵자기 공명에서는 총 스핀양자수가 정수가 아닌(1/2, 3/2 등의 반정수인) 원자를 이용하는 예가 많다(예를 들어 H, ^{13}C 등).

수소의 경우 양성자의 스핀이 $+\frac{1}{2}$인 상태와 $-\frac{1}{2}$인 상태가 원칙적으로는 에너지가 같은 상태에 있으나, 수소 원자가 포함된 화합물의 외부에 자기장이 위치하면 이 둘 사이의 에너지는 갈라지게 된다. 자기장이 커질수록 이 에너지의 갈라짐은 커지게 된다(〈그림 48〉). 이 상태에서 $+\frac{1}{2}$과 $-\frac{1}{2}$의 에너지의 갈리짐의 정도는 수소의 주위 화학적인 환경에 따라서 달라지게 된다.

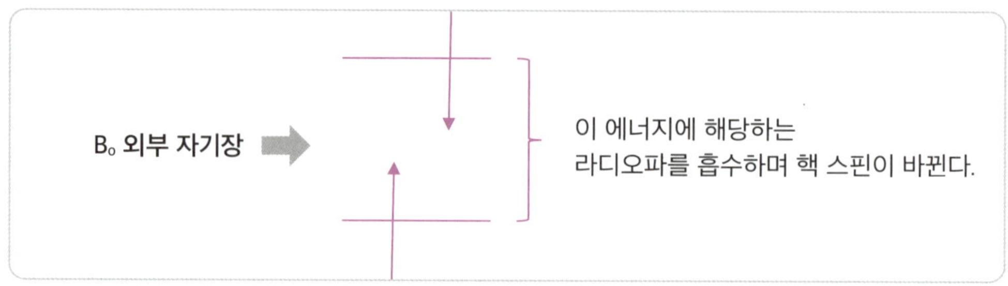

그림 48 핵의 양성자 또는 중성자의 스핀의 상태가 +1/2, -1/2이며 특정한 방향으로 외부 자기장이 위치하면 그에 의해 이 두 스핀 상태의 에너지가 갈라진다. 핵자기공명의 원리이다.

예를 들어 수소 원자가 주변의 원자들과 공유결합을 주로 형성하고 있다고 가정하자. 그렇다면 수소 핵 주변의 전자밀도, 특히 최외각 전자밀도가 높은 편이다. 그러면 외부 자기장이 B_0라고 했을 때 실제 수소 핵이 느끼는 자기장은 수소 핵 주변의 전자들에 의해서 차폐된 자기장(이를 σ라 하자)을 B_0에서 차감한 값이며 그러면 $+\frac{1}{2}$과 $-\frac{1}{2}$ 사이의 에너지 갈라짐의 정도는 그만큼 덜해지게 된다. 수소 주변에 전기 음성도가 높은 원소들이 결합하고 있다면 수소는 전자를 주변에 빼앗겨 수소 핵 주변의 최외각 전자밀도가 상대적으로 낮아지게 되고 그러면 그만큼 주어진 외부 자기장 하에서 $+\frac{1}{2}$ 스핀 상태와 $-\frac{1}{2}$ 상태의 에너지 갈라짐은 상대적으로 커지게 된다. 왜나하면, 이 경우 외부 자기장의 차폐가 덜 되어 수소 핵은 더 큰, 외부에서 걸린 자기장 B_0에 더 가까운 자기장을 느끼게 되기 때문이다.

이렇게 자기장이 걸려 있는 상태에서 라디오파에 시료를 노출시키면 $+\frac{1}{2}$ 상태와 $-\frac{1}{2}$ 상태의 에너지 차이에 해당하는 라디오파만 흡수하게 된다. 즉, 어떤 에너지의 라디오파를 흡수하는지를 관찰함으로써 σ를 결정하고 이로부터 수소 원자의 주변 화학적 환경 또는 화학 결합에 대한 정보를 얻을 수 있다. 이러한 주어진 자기장에서 핵 주위의 전자밀도에 의해 핵 안의 양성자의 스핀의 갈라짐의 정도가 달라지는 것을 앞서 이야기한 σ, 즉 chemical shift로 표기할 수 있다. Chemical shift는 주어진 자기장에서 표준 대비 라디오파의 공명 주파수의 차이를 의미한다.

그 외 NMR 미세구조 등에 대한 설명은 유기정성분석 관련 강의, 기기분석 관련 강의 또는 그 교재들을 참고하기 바란다.

11

분광분석기의 기본 구조

흡수 분광법의 기기 구조는 기본적으로 〈그림 49〉와 같이 구성되어 있다. 먼저 주어진 파장 영역의 백색광을 만들어내는 광원이 있다. 광원에서는 마이크로파, 적외선, 가시광선 등 특정한 에너지 영역의 빛을 하나의 파장만 가진 단색광이 아닌 특정한 에너지 범위 안의 파장이 모두 포함된 백색광으로 만들 수가 있다. 빨, 주, 노, 초, 파, 남, 보 각기 다른 색의 빛을 모두 섞으면 백색광이 된다. 꼭 가시광선이 아니더라도 이렇게 일정한 파장 범위의 빛들이 섞여 있는 경우 백색광이라고 한다. 때로는 빛을 편광시키는 장치가 함께 있는 경우도 있다.

단색화 장치(monochromator)에서는 이 백색광을 파장별로 분리해낸다. 프리즘 또는 그레이팅이라는 장치를 이용하여 파장별로 빛을 공간적으로 분리해 낼 수 있다. 그레이팅에 대해서는 바로 뒤 회절에 대한 설명에서 조금 더 자세히 다룰 것이다. 이 단색화 장치가 회전하면서 시료에 빛이 각기 다른 파장별로 쪼여지게 된다. 시료를 통과한 빛은 검출기에 의해 그 세기가 검출된다. 결국 빛의 파장별 세기가 검출되는데, 여기서는 photodiode 등의 장치를 이용하여 광자가 하나 들어오면 전자가 하나 방출되는 방식의 장치를 이용하여 빛의 세기가 전류로 전환되고 이 신호가 컴퓨터에 기록되게 된다. 파장별(또는 주파수나 에너지별)로 빛의

그림 49 분광기기의 주요 요소들을 나타냈다.

세기인 전류를 기록하면 바로 스펙트럼이 된다.

시료에 쪼여지는 특정한 파장의 빛의 세기를 I_0라고 하고 시료를 통과한 후의 빛의 세기를 I라고 하자. I_0와 I의 차이가 시료에서 흡수된 빛의 양 내지 광자 수에 비례한다. 빛의 흡수는 지금까지 이야기한 것처럼, 양자화된 에너지 준위 사이의 에너지 차이와 빛의 에너지가 같고, 선택 규칙을 만족시키면 전이를 수반하며 일어나게 된다.

위에서 설명한 분광기에서 투과도 $T = \dfrac{I}{I_0}$이다. 흡광도 $A = -\log T$로 정의된다.

비어-람베르트의 법칙에 의하면 흡광도 A는 흡광계수, 시료를 담은 cell의 길이, 즉 빛이 통과하는 경로 길이, 그리고 빛을 흡수하는 물질의 농도의 곱이다. 흡광계수는 물질, 빛의 파장, 흡수에 관여하는 에너지 모드마다 다를 수 있다. 같은 파장과 같은 물질에 대해서 같은 빛의 경로 길이를 사용하면 흡광도는 그 파장의 빛을 흡수하는 물질의 농도에 비례한다.

일반적으로 스펙트럼의 봉우리의 크기를 가지고 정량분석을 하며 여기에는 이 비어-람베르트의 법칙이 기본이 된다. y축이 투과도라면 아래로 움푹 내려간 정도가 농도에 해당하고, 흡광도라면 위로 올라간 정도가 농도에 비례한다. 문제는 지금까지 논의한 선택 규칙들을 생각하지 않고 무조건 스펙트럼 봉우리의 크기만을 가지고 정량분석을 할 경우 오류가 발생할 수 있다는 것이다. 예를 들어 총체적 선택 규칙을 만족시키지 않는 분자는 그 수가 아무리 많아도 스펙트럼에 신호를 주지 않는다. 표면에 흡착된 분자의 경우 그 숫자가 변하지 않고 흡착 구조만 변해도 선택 규칙에 대한 조건(예를 들어 IR 흡수 분광법 같은 경우 분자의 특정 진동

모드가 시간에 따라서 얼마나 큰 쌍극자 모멘트 변화를 보이는지)들이 바뀔 수 있어서 봉우리의 크기가 정량적인 분석에 적합하지 않을 수도 있다. 그래서 스펙트럼의 정량분석은 항상 물리화학적 근거를 가지고 조심스럽게 접근하여야 한다.

Raman 분광법의 경우에는 가시광 또는 자외선의 단색 광원을 이용하며, 주로 레이저가 이용된다. 이 빛이 시료에 쪼여지고 시료에서 산란되어 나오는 빛을 단색화 장치를 거쳐서 파장별로 나누어주고, 파장별 빛의 세기를 검출기를 통해 검출하게 된다. 이 경우에는 처음에 시료에 쪼여지는 빛이 단색광이지만 시료에서 산란되어 나오는 빛의 파장이 여러 가지이기 때문에 이 산란된 빛을 파장별로 분리시키는 단색화 장치가 필요하다. 이미 언급했듯이 프리즘이나 그레이팅이 단색화 장치로 사용된다.

12

회절을 이용한 구조 분석에 대한 아주 간단한 설명

회절을 이용한 구조 분석은 일반적인 분광학 강의의 범주에는 들어가지 않는다. 하지만 회절은 물질의 구조 분석에 굉장히 자주 이용된다. 또한 회절은 분광기의 단색화 장치의 작동 원리이기도 하다. 여기서는 회절에 대해서 간단히만 다루어 보도록 하겠다.

〈그림 50〉에서 동그란 모양은 원자들을 의미하며 그림과 같이 2개의 원자가 각기 다른 파와 상호작용한다고 가정하자. 두 원자 간의 거리는 d이다. 두 원자를 잇는 선을 회색으로, 그와 수직방향을 검은색으로 그었는데, 후자와 파의 진행 방향에 해당하는 축 사이의 각도를 Θ로 표시하였다. 이 그림에서 파장이 같은 2개의 파는 파의 진행 방향 축을 x축이라고 할 때 그 파의 높이가 가장 높은 x축 위치와 가장 낮은 x축 위치가 일치한다. 이런 경우를 두고 두 파가 coherent하다고 한다. 반사각이 입사각 Θ와 같다고 가정하면 두 파의 경로 차이는 진한 자주색으로 표시된 경로의 길이가 되는데 이는 $d sin\Theta$의 두 배가 된다(이 경로가 2개로 나뉘게 되는데 하나의 길이가 $d sin\Theta$). 만약 이 $2d sin\Theta$가 파장 λ의 정수배($n = 1, 2, 3\cdots\cdots$)와 일치하게 되면, 반사된 파들 사이에도 coherent한 조건이 형성된다. 이때 두 파 사이에 보강간섭이 일어난다. 결국 보강간섭이 일어나는 조건은 다음과 같다.

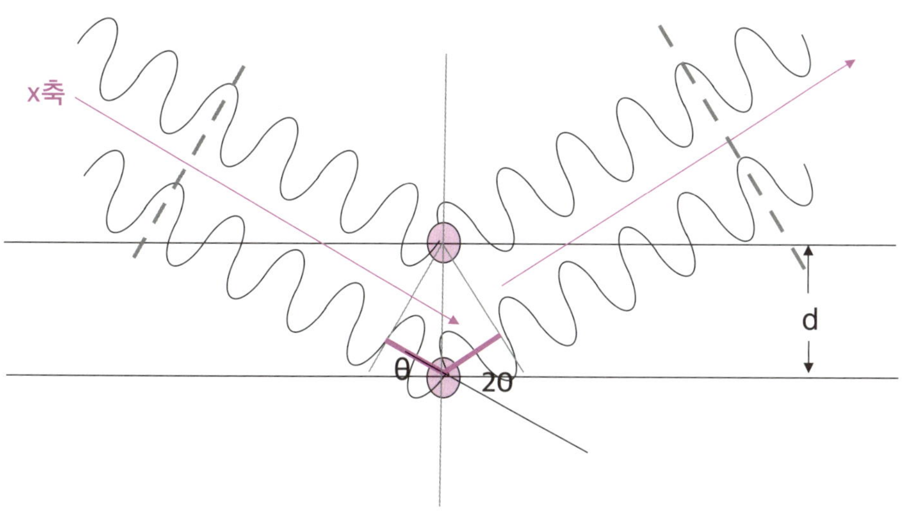

그림 50 coherent 한 전자기파가 2개의 각기 다른 원자(연한 자주색 원)에 대해 산란되는데, 원자 간을 이은 선의 수직 방향에 대해 입사각(θ)과 반사각이 같은 경우에 대한 모식도이다. 진한 자주색으로 표시된 것이 두 파의 경로차이에 해당한다. 이는 본문의 Bragg 조건에 대한 도식적 설명이다.

$$2d\sin\Theta = n\lambda, \, n\text{은 정수}$$

특정한 파장 λ를 이용하여 각기 다른 Θ 방향으로 쪼여준 뒤 보강간섭이 일어나는 각도를 찾으면 위 식에 의해 λ를 우리가 이미 알고 있는 단색광원을 사용하고, n은 정수이고 보강간섭 각도 Θ를 실험적으로 알아내는 것이다. 이제 위 식에서 우리가 모르는 것은 d 딱 하나밖에 안 남는다. 결국 d, 즉 원자 간 거리 또는 고체에서는 격자 상수 등에 대한 정보를 구할 수가 있게 된다.

입시각 Θ_0와 반사각 Θ가 일치하지 않더라도 〈그림 51〉과 같이 보강간섭이 일어나는 조건을 구할 수 있다. 아래 식은 〈그림 51〉에서 두 화살표로 표기된 coherent한 파들의 경로 차이(자주색 경로와 회색 경로의 차이)가 파장의 정수배가 되어야 한다는 앞의 식과 같은 물리적 의미를 갖는다. 이 식은 입사각과 반사각이 일치하지 않더라도 적용할 수 있다는 점에서 조금 더 일반적인 식이라고 할 수 있겠다, 이런 식들을 Bragg 식이라고 한다.

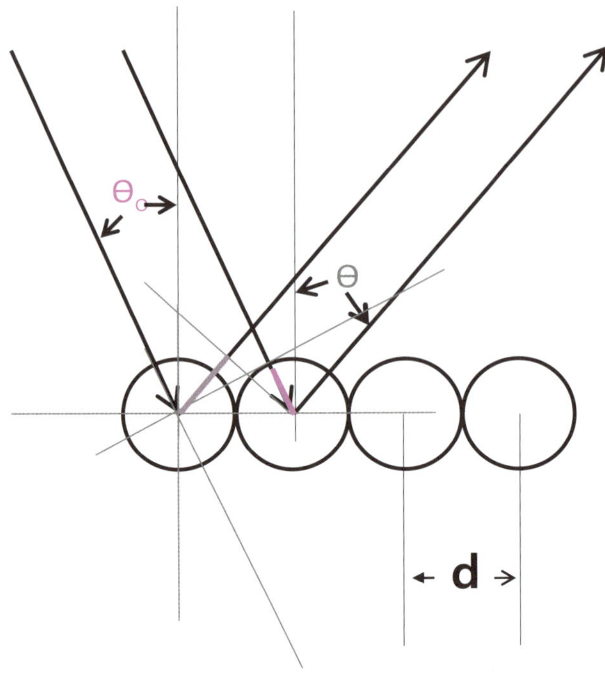

그림 51 〈그림 50〉의 두 파를 검은색 화살표로 표현하였다. 여기서는 원자가 2개가 아니라 4개의 원자들이 일정한 간격 d로 배열되어 있는 격자를 이루며 전자기파의 입사각(θ_O)과 반사각(θ)이 같지 않을 수도 있는 좀 더 포괄적인 상황들에 대한 Bragg 조건을 나타냈다. 회색과 자주색 선으로 두 파의 경로 차이를 나타내었다.

$$d(sind\Theta_O - sin\Theta) = n\lambda$$

실험적으로 보강간섭을 이루는 각도 θ를 어떻게 구할까? 빛의 경우 회절무늬에서 빛이 세기가 세게 나오는 각도와 빛이 나오지 않는 각도가 있는데 그 빛이 세게 나오는 각도가 θ에 해당한다. 보강간섭이 일어난다는 것은 그 파를 기술하는 함수의 제곱값이 매우 크다는 이야기고, 결국 그 조건을 만족하는 방향으로 광자가 많이 방출된다는 것을 의미한다. 1장 양자화학 맨 앞에서 배운 물질의 입자성과 파동성에 대해서 다시 생각해 보자.

이러한 회절은 빛뿐만 아니라 전자, 원자, 분자를 이용해도 일어난다. 예를 들어 운동에너지가 일정한 전자 빔을 이용하여 단결정 표면의 구조 분석을 할 수

처음 만나는 물리화학

있다. 빛은 고체 물질 내부까지 투과가 잘 되어 빛의 회절무늬는 고체 전체의 격자 구조를 반영하는데 전자의 회절무늬는 고체 표면 부근만 선택적으로 분석한 결과를 준다(회절과 표면 분석에 대한 좀 더 자세한 이야기는 필자를 비롯한 많은 화학과 교수님들의 표면과학 관련 강의에서 들을 수 있다).

한 가지 더 짚고 넘어가야 할 것은 분석에 이용하는 단파장의 빛, 전자 또는 분자의 파장(전자, 분자의 경우 de Brolglie 파장)이 분석하고자 하는 물질의 격자 상수 내지 원자 간의 거리와 비슷하거나 조금 더 작아야 회절에 의한 구조 분석이 잘 이루어진다는 것이다.

입사각과 반사각이 같은 조건에서의 Bragg 식을 생각해보면, 만약 입사하는 파의 파장 λ가 d에 비해 너무 크다면 회절 조건을 찾을 수가 없다. $sin\Theta$가 -1부터 1까지 범위만 가능함을 생각하라. 이 경우 앞에서 이야기한 경로 차이에 파 하나가 들어가지 못한다.

파장 λ가 d에 비해 너무 작으면 어떤 일이 벌어질까? 다시 말해 파의 에너지가 너무 크면 어떤 일이 벌어질까? 이 경우, 예를 들어 Bragg 식의 $n = 1$인 경우와 $n = 2$인 경우의 Θ의 차이가 너무 작아 보강간섭이 일어나는 방향들과 그 사이에 상쇄간섭이 일어나는 방향을 구분하기가 어려워진다. 그러면 실험적으로 간섭무늬를 식별하기 어렵게 된다.

이것은 빛뿐만 아니라 전자파를 사용해도, 원자파를 사용해도 마찬가지다. 전자나 원자나 모두 이미 몇 번 앞에서 보여준 아래의 de Broglie 식에서 볼 수 있듯이 운동에너지 또는 운동량을 조절하여 파장을 조절할 수 있다.

$$p = mv = \frac{h}{\lambda}$$

1장 양자화학 부분에서 축구공의 회절무늬에 대해서 언급한 적이 있다. 현실적으로 축구공의 회절무늬를 관찰하는 것은 왜 어렵거나 불가능할까? 축구공은 무게도 너무 크고 너무 빠르기 때문에 운동량, 즉 p값이 너무 크다. 그러니 de Broglie 파장 λ가 너무 짧다. 축구공의 회절무늬를 관찰하려면 수많은 일정한 속

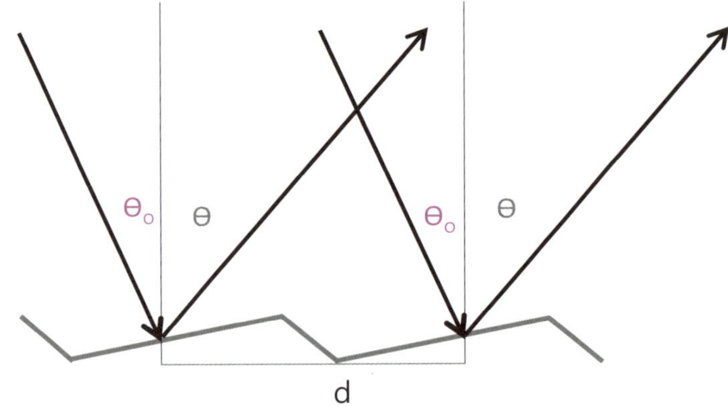

그림 52 〈그림 51〉의 조금 다른 형태의 설명인데, 여기서는 원자배열에 대한 회절이 아닌 주기적인 구조를 가지는 회절발에 대한 설명을 도식화한 것이다.

도로 운동하는 축구공들을 서로 간에 아주 작은 간격을 가지고 뚫려 있는 아주 작은 슬릿들을 통과하도록 해야 하는데, 그렇게 작은 슬릿에 축구공이 들어갈 리가 없다. 축구공이 들어갈 만큼 큰 슬릿들로 구성되어 인접한 슬릿 중심 사이의 거리가 꽤 큰 구조를 이용하여 축구공의 회절무늬를 구현하려면, 수많은 축구공들이 일정한 속도로 움직여 그 슬릿들을 통과해야 한다. 이때 그 축구공들의 속도가(당연히 모두 같아야 하고) 매우 느려서 이 슬릿 사이의 거리에 해당하는 정도의 큰 de Broglie 파장을 가져야 하며, 실험적으로 이를 구현하기란 매우 어렵다. 그래서 회절무늬를 구분하는 것이 어렵거나 불가능하다.

그레이팅은 단색화 장치로 〈그림 52〉과 같은 주기적인 요철을 가지고 있다. 예를 들어 가시광 백색광이 들어오면 입사하는 파장마다 Bragg 조건을 만족시키는 반사각이 다르기 때문에 파장별로 각기 다른 방향으로 파가 퍼져 나간다. 이것이 분석기에서 백색광을 파장별로 분리하는 원리이다. 가시광은 그 파장 영역이 800nm~400nm이니 그 파장 영역에서 단색화를 시키려면 〈그림 52〉의 그레이팅의 요철의 간격 d도 대략 수백 나노미터여야 한다.

SPECTRO
SCOPY

STATISTICAL THERMO DYNAMICS

3장

통계열역학,

하루에 1시간 씩,

1주일만 공부하면

화학과 교수만큼

이해할 수 있다.

좀 뜬금없는 이야기를 해 보려고 한다. 나는 어렸을 때 노안이다, 험상궂게 생겼다 등의 이야기를 많이 들었다. 외모에서 사람들이 다가오기 어렵다면 말이라도 재미있게 해야겠다고 어려서부터 본능적으로 생각했던 것 같다. 그마저도 해외 생활 9년 동안 다시 말을 잘 하지 않는 성격으로 바뀌긴 했지만. 그래서 지금 내 성격은 사실 극 E와 I를 널뛴다. 학교 다닐 때부터 나를 알던 사람들은 나를 극 E라고 알고 있다. 그런데 요즘은 사람을 좀 피하기도 한다. 그런데 또 말을 시작하면 말이 적진 않다. 나도 나를 잘 모를, 희한한 성격이다.

화학과 물리라는 것이 만나서 '물리화학'이라는 가족을 이뤘고, 그 자식들이 열역학, 양자화학, 분광학, 반응속도론 등이다. 반응속도론의 자식뻘인 표면물리화학은 물리와 화학의 손자 정도라고 할 수 있을까? 여하튼 이 물리화학이라는 가족이 화학으로 진입하는 문을 지키고 있다. 이 물리화학 가족은 수식으로 무장되어 있어서 많은 사람들이 접근하기 어려워한다. 마치 험상궂게 생긴 사람들이 클럽의 문을 지키고 서 있는 것과 같다. 그런데 화학을 정말 깊게 배우려면 이 문을 거쳐서 화학의 범주 안으로 들어가야만 한다. 물리화학 가족 구성원이 무서워 그 주변만 맴돌면, 화학 안으로 결코 들어갈 수가 없다.

물리화학과 친한 물리화학 교수들이 사실 우리 물리화학 가족 구성원들이 생긴 건 험상궂지만 그래도 착하다, 남을 안 해친다 등 아무리 이야기를 해도 학생들이 그 문에 다가갈까 말까인데, 물리화학 교수들은 대부분 우리 물리화학은 원래 이렇게 험상궂게 생겼고 어쩔 수 없으니 너희들이 와서 친해지고 싶으면 친해지고 아니면 말라는 식이다. 나도 아마 그런 물리화학 교수 중 한 명일 것이다.

내가 아는 물리화학 구성원들은 그렇게 어렵고 나쁜 애들은 아니다. 사실 이 학문의 진면모를 더 많은 사람들이 알아볼 수 있도록 노력을 해 봐야겠다는 생각으로 친절하게 물리화학을 설명할 수 있는 방법을 찾으며 이 책을 쓰게 되었다.

물리화학 교재는 크게 두 가지 종류가 있다. 우선 열역학-양자화학-분광학-통계열역학-반응속도론 순서대로 기술하는 교재가 있다. 사실 나도 이런 교재로 학창 시절 물리화학을 배웠다. 물리화학의 자식들 중 그나마 열역학이 제일 '덜' 험상궂게 생긴 놈이라이 녀석을 맨 앞에 내세운 것 같다. 다른 종류의 교재로는 양자화학-분광학-통계열역학과 열역학-반응속도론의 순서대로 기술하는 것들이 있다. 성균관대학교 화학과는 2015년부터 후자에 해당하는 교재를 택하고 있다. 자연과학계열에 입학하여 1학년을 마친뒤 화학과에 진입한 학생들은 2학년 1학기에 물리화학 1에서 양자화학을 접한다. 그리고 한 학기가 지난 후 많은 학생들은 내 저놈의 물리화학이라는 집안과는 다시는 어울리지 않겠다고 다짐하는 것 같다. 그만큼 양자화학이 너무 어렵다고 생각하는 학생들이많다. 그래서 2024년 우리 과에서 물리화학 1 수강 이후 바로 이어서 들어야 하는 물리화학 2가 폐강 위기에 처하기도 했다.

그런데 왜 이 교재는 굳이 그 어려운 양자화학을 맨 앞에 내세울까? 양자를 배워야 분광학으로 진입할 수 있다는 것은 이미 앞에서 충분히 설명했다. 분광학은 화학 분석의 기초를 제공하니, 화학 전 분야의 기본이 되는 학문이다. 결국 양자화학은 화학 전체의 가장 기초라고 볼 수도 있다. 통계열역학에서는 어떻게 거시적인 열역학적인 함수가 미시적인 세계의 통계적 처리로 기술되는지를 배운다. 열역학에서는 반응의 자발성 등에 대해서 배우는데, 앞에서 이야기한 바와 같이 열역학은 주로 거시적인 세계를 다룬다. 양자, 분광학에서 통계열역학을 거쳐 거시적인 열역학으로, 즉 미시에서 거시로, 작은 세상에서 큰 세상으로 체계적으로 연결되는 물리화학의 논리를 지금 선택한 교재에서 발견할 수 있다. 이러한 논리 체계를 학생들에게 알려주는 것이 중요하다고 판단하여 양자화학을 학생들이 어렵게 생각함에도 불구하고 물리화학 교과 과정의 맨 앞에 내세우게 된 것이다.

여하튼 양자와 분광학을 기반으로 거시적인 열역학과 미시적인 양자를 연결하는 것이 통계열역학이고, 그 내용을 나는 우리 과에서 물리화학 2에서 (가끔) 강의하고 있다. 통계열역학은 물리화학 집안에서도 얼굴이 가장 험상궂게 생기고 포악한 인상을 주는 놈이다. 수많은 수식으로 도배되어 있다. 내가 그래도 이놈이 생긴 건 이래 보여도 아주 착하고 친해지면 쓸만한 놈이라는 걸 학생들에게 전달해 보려고 한다. 내 의도가 얼마나 성공할지는 잘 모르겠다. 지금부터는 이 통계열역학이라는 녀석에 대해 다뤄보려고 한다.

똑같은 모양과 무게, 크기의 공이 4개가 있다고 하자. 편의상 공 1, 2, 3, 4번으로 이름을 붙였다. 2개의 상자(상자 A와 B)가 있다. A 상자에 공을 3개, B 상자에 공 1개를 넣으려고 한다. 이에 대해 가능한 경우의 수는 몇 개일까? 답은

[A(2, 3, 4) B(1)] [A(1, 3, 4) B(2)][A(1, 2, 4) B(3)] [A(1, 2, 3,) B(4)]

이렇게 4개의 경우의 수가 있다.

4개의 공 중 하나를 골라 2개의 상자 중 하나에 넣는다. 이때 1~4번 공 중 하나를 고르니 이 상황에 대해서는 4개의 경우의 수가 있다. 다음으로는 공이 3개만 남은 상태에서 또 하나를 골라 아무 상자에나 넣는다. 그다음엔 2개 중 하나, 그다음엔 마지막으로 남아 있는 하나. 이러면 총 경우의 수는 $4 \times 3 \times 2 \times 1$, 즉 4! 이 된다. !은 팩토리얼, 고등학교 때 배운다.

그런데 이 4! 안에는 (1, 2, 3) (1, 3, 2) (2, 1, 3) (2, 3, 1) (3, 1, 2) (3, 2, 1) 이 6개의 경우가 각기 다른 경우의 수로 포함되어 있다. 그런데 이 6가지의 배열은 사실 1, 2, 3번 공이 한 상자에 담겨 있다는 점에서는 같은 경우의 수에 해당한

다. 3개의 공이 어떤 특정한 상자에 들어온 순서만 다를 뿐이다. 그래서 4!을 이 6개의 경우의 수, 즉 3!로 나눠줘야 한다. 4!을 3!로 나누니 위의 경우처럼 4개의 경우의 수가 된다.

N개의 원자 또는 분자가 있다고 가정하자. 그중 N_0개의 입자가 가장 낮은 0이라는 에너지 준위, N_1개의 입자가 1이라는 그 위에 있는 에너지 준위 등등을 차지하고 있다고 하면, 그 배열의 경우의 수는 다음과 같이 된다.

$$W = \frac{N!}{N_0!N_1!...}$$

이를 유식한 말로 Weight of Configuration이라고 한다. 그래서 약자로 W라고 표현한 것이다.

일찍이 오스트리아 사람인 볼츠만 선생님께서는 다음과 같이 엔트로피(S)를 정의하였다.

$S = k \ln W$ (k는 볼츠만 상수)

결국 이 배열의 경우의 수가 커지면 커질수록 엔트로피가 커진다. 예를 들어 공 4개가 상자 4개에 하나씩 들어가 있는 경우의 수는 4!, 즉 24이다. 위에서 이야기한 것처럼 상자 2개에 각각 공이 3개와 1개가 들어있는 경우의 수는 4이다. 상자 2개에 이븐하게 공이 2개씩 들어가 있을 경우의 수는 4!/(2!2!)이니 6이다. 상자 1개에 공 4개가 다 들어가 있을 경우의 수는 1이다. 즉, 여러 상자에 더 골고루, 즉 더 '이븐하게' 공이 배분되어 있는 경우가 바로 엔트로피가 더 큰 경우이고 열역학 제2법칙에 의하면 우주는 엔트로피가 증가하는 방향으로 자발적으로 움직인다고 했으니, 결국 뭔가를 한 사람이 욕심부리고 다 가지고 있는 것보다 모든 사람들이 골고루 가지고 있는 방향으로 우주가 움직이게 된다는 것이다.

흠, 이런 설명으로 나의 정치적인 성향을 파악하려고 하진 마시라. 설명을 쉽게 하기 위한 비유일 뿐이다. 글을 쓰다 보니, 정말 엔트로피의 이런 철학적 사고

0	ε	2ε	3ε	4ε	입자들의 에너지의 총합	W
4	0	0	0	1	4ε	5
3	0	2	0	0	4ε	10
3	1	0	1	0	4ε	20
2	2	1	0	0	4ε	30
1	4	0	0	0	4ε	5

그림 53 서로 간에 ε만큼의 에너지 차이를 보이며 등간격으로 양자화된 에너지 준위를 가지는 계의 에너지 모식도가 위에 표기되어 있다. 이 계에 5개의 입자가 총 4ε 에너지를 갖도록 배치할 수 있는 경우들이 아래 표에 정리되어 있고 각 배치들에 대한 Weight of Configuration이 표 맨 오른쪽에 나타나 있다. 자주색이 Weight of Configuration이 가장 큰 배치에 해당한다

가 공산주의의 탄생과 연관이 있나 그런 이상한 생각도 좀 해본다. 19세기의 철학, 과학, 정치는 모두 서로 밀접한 관계를 가지고 있다고 어렴풋이 알고 있다. 여하튼 물리화학은 이렇게 모든 사람에게 골고루 나눠주는 것이 좋은 것이라는 박애 정신이 그 기반에 있다는 것을 알아줬으면 좋겠다. 물리화학을 전공하는 사람들은 그렇게 본성이 착하다는 이야기다(농담이다).

〈그림 53〉과 같이 어떤 시스템에 여러 개의 에너지 준위가 있는데 바닥 준위의 에너지는 0이고 그 준위 간의 간격이 ε이라고 하자. 앞에서 배운 진동준위의 조화진동자 모델과 같다.

내가 여기에 5개의 입자를 배열시키는데, 그 입자들의 총에너지는 4ε이 되어야 한다고 하자. 총에너지가 같다는 건 결국은 이 계가 일정한 온도를 유지한다는 것을 의미한다.

입자 5개가 총에너지 4ε을 가지는 배열을 〈그림 53〉 안에 표로 정리하였다.

자주색으로 표기된 배열이 가장 높은 W값을 가지니 가장 높은 엔트로피를 가진다. 이 주어진 양자 시스템에서 5개의 입자수는 변하지 않고, 총에너지가 4ε으로 일정하다. 즉 온도(계의 총에너지가 4ε에 해당하는 계의 온도)가 일정하게 유지된다면 이 고립계는 결국 초기상태의 배열과 무관하게 변화를 거듭하며 〈그림 53〉에서 자주색으로 표기한 배열을 가지게 되고, 이 배열이 형성되면 계는 그제서야 열적인 평형상태에 도달해 더 이상 배열이 변하지 않게 된다. 이 표의 자주색으로 표기된 상태가 주어진 온도에서, 이 고립된 계의 평형상태에 해당한다고 볼 수 있겠다. 이미 이야기했듯이 이 상태가 이 표에 정리된 여러 가지의 상태 중 통계열역학적 엔트로피가 가장 크다. 참고로, 열린 계는 계와 외부 사이의 에너지와 물질 교환이 가능한 계, 닫힌 계는 에너지 교환은 가능한데 물질 교환은 안 되는 계, 고립계는 에너지, 물질 교환이 모두 불가능한 경우이다.

이렇게 입자가 5개인 계 또는 시스템에 대해서는 〈그림 53〉에서처럼 각각의 배열에 대해 W를 구하고 그중 W가 가장 큰 배열이 무엇인지를 결정하는 것이 간단하다. 그런데 만약 N, 즉 입자의 수가 아보가드로 수 정도로 매우 크다면? 이 경우 평생을 이 표만 만들어도 표를 완성시키기 어려울 것이다. 여기서 수학적인 기술이 조금 들어간다. 그리 어려운 기술은 아니지만, 자세한 설명은 생략하고 결론만 이야기하면, 소위 말하는 '볼츠만 분배'라는 것이 주어진 온도에 대해서 어떤 계의 W가 최대치인 배열을 기술한다.

2개의 에너지 준위가 있다고 하고 그 차이가 E라고 하자. N_0와 N_1이 0과 E라는 에너지를 가지고 있는 각 준위의 입자 수, 즉 population이라고 하자. Population이라고 하면 일반적으로는 인구를 의미하는데 통계열역학에서는 특정한 state에 채워져 있는 입자 수를 의미한다. 이 경우 볼츠만 분배는

$$\frac{N_1}{N_0} = e^{\left(-\frac{E}{kT}\right)}$$

가 된다. 이 볼츠만 분배가 주어진 계의 각기 다른 양자준위들 사이에 모두 만족되는 상태가 바로 주어진 온도 T에서 최대 W값을 가지는 상태라는 것이다.

이 식의 에너지 항 E는 분자 1개당 에너지를 의미하는데, 이 에너지를 1몰당 에너지 E_m으로 환산하면 위 식은 다음과 같이 쓸 수 있게 된다.

$$\frac{N_1}{N_O} = e^{\left(-\frac{E_m}{RT}\right)}$$

볼츠만 상수 k와 아보가드로 수 N_A를 곱하면 일반화학에서 배우는 기체상수 R이 된다는 점을 생각하자.

이 식의 오른쪽 항은 어디서 본 적이 있지 않나? 일반화학에서 배우는 속도 상수를 기술하는 아레니우스 식에 나온다. $\exp(-E/(RT))$, 여기서 E는 반응의 활성화에너지이며, 위 식 오른쪽의 지수항은 반응물과 화학 반응 에너지 프로파일에서 활성화에너지 봉우리 위에 있는 전이 상태의 상대적인 population의 비율을 의미한다. 참고로 아레니우스 식은 $k = A\exp(-E/(RT))$인데, 여기서 앞에서 이야기했듯이 지수 항은 전이 상태에 있는 입자의 상대적 비율이 얼마나 큰지를 기술하며, 당연히 이 값이 크면 클수록 활성화에너지를 넘어서는 분자들의 비율이 높아지므로 반응속도가 빨라진다. A는 선지수 인자라고 부르는데, 시도빈도 (attempt frequency)라고 부르기도 한다. 충돌 이론에서 이 A 인자는 얼마나 자주 반응물 분자들끼리 충돌하는가와 관련이 있다. 즉, 충돌 이론에서 이 아레니우스 식은 화학 반응의 속도상수 k가 반응물 분자 간 충돌이 얼마나 자주 일어나느냐 곱하기 총 충돌 수 중 그 반응의 활성화에너지를 넘어갈 수 있는 충분히 높은 에너지로 충돌하는 비율로 해석할 수 있다.

2 열역학적 관점에서의 세상의 종말

열역학 제2법칙에 의하면, 우주 전체의 엔트로피가 증가하는 반응 또는 과정은 자발적이다. 결국은 더 이상 우주의 엔트로피가 증가할 수 없는 상태가 되면 그때는 세상이 끝나지 않을까? 더 이상 변할 것이 없는 상황이면 그때가 세상의 종말이지 않을까? 참고로 우주는 하나의 고립계라고 볼 수 있다. 우주 안의 물질과 에너지의 총량은 항상 일정하다고 열역학에서는 정의한다.

상자들에 공이 골고루 분배되어 있는 상황이 엔트로피가 최대가 되는 상태이다. 에너지가 양자화되어 있음을 고려하고 각각의 상태를 각기 다른 상자라고 하면 세상을 이루는 입자들이 에너지가 매우 낮은 입자부터 에너지가 매우 높은 입자들까지 그 수가 적당히 골고루 분배되어 있을 때 세상은 끝나게 될 것 같다. 좀 더 엄밀하게 말하자면 우주의 모든 것들이 볼츠만 분배를 완벽하게 만족하는 열역학적 평형에 해당하는 상태가 된다면 세상이 더 이상 변하지 않는 상태가 될 것이다. 결국 이것이 세상의 끝이 아닐까? 입자들이 똑같은 에너지를 골고루 나눠 가지는 상태는 오히려 엔트로피가 매우 낮은 상태이고 앞에서 이야기했듯이 각 에너지 상태에 골고루 입자들이 퍼져 있으면 엔트로피가 최대가 되는 것 같다.

그 상태가 구체적으로 어떤 상태일지 나도 잘 모르겠다. 인간, 건물, 자동차 모두 분자들이 매우 조직적으로 집합되어 형성하는 개체이며 각각의 엔트로피는 매우 낮다고 볼 수 있다. 그것들이 열역학적으로 세상의 종말이 되면 어찌 바뀔진 나도 모른다.

열역학을 공부하다 보면 결국은 세상의 끝이 있을 것이라는 철학적 고찰의 결말을 맞이할 수도 있다. 인간은 그 긴 세상의 종말로 향하는 여정의 아주 작은 점 하나와 같은 미약한 존재일지도 모른다.

실제 열역학이 태동하는 과정에서 지구의 종말에 대한 논의가 있었다고 한다. 내가 혼자서 이런 이상한 생각을 한 것은 아니다. 나에게 이런 걸 혼자 생각해 낼 만한, 그 정도의 세상에 대한 통찰력은 아직 없다.

〈그림 54〉와 같이 인접한 에너지 준위 사이의 에너지 차이가 ϵ이며, 가장 낮은 상태의 에너지는 0인 가상의 양자화된 에너지 준위로 구성된 계가 있다고 하자. 이러한 시스템을 uniform ladder(일정한 간격으로 이루어진 사다리처럼 생긴 에너지 준위 시스템)라고 하며 2장 분광학에서 이야기한 조화진동자의 경우와 거의 같다. 다만 여기서는 이런 시스템을 특정한 분자의 운동과 연관짓기보다는 양자화된 에너지 준위의 간단한 일반적인 예로 생각하는 것이 좋겠다. 이 그림에는 각 준위의 에너지와 각 준위의 바닥상태에 대한 볼츠만 인자가 표기되어 있다. 이 각 에너지 준위의 볼츠만 인자는 바닥상태 대비 해당 에너지 준위의 population의 비율이다. 참고로 에너지가 0인 바닥상태의 자기 자신(바닥상태)에 대한 population의 비율은 당연히 1이다.

이 그림의 각 에너지 준위의 볼츠만 인자를 모두 합친 것을 분배함수라고 하며 q로 일반적으로 표기한다. 그 식은 아래와 같다.

$$q = 1 + e^{\left(\frac{-\epsilon}{kT}\right)} + e^{\left(\frac{-2\epsilon}{kT}\right)} + e^{\left(\frac{-3\epsilon}{kT}\right)} + e^{\left(\frac{-4\epsilon}{kT}\right)} + e^{\left(\frac{-5\epsilon}{kT}\right)} \cdots\cdots$$

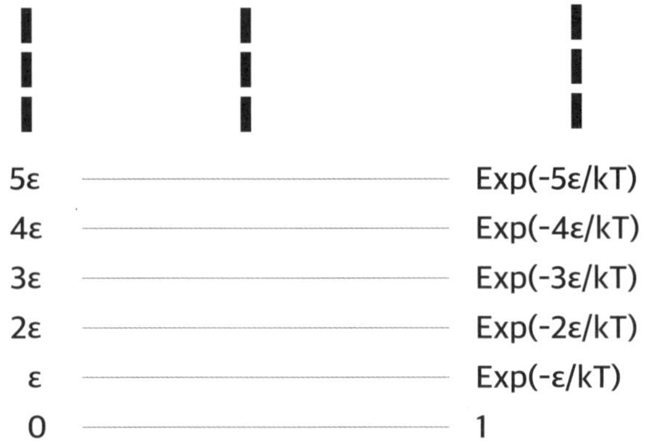

그림 54 〈그림 53〉과 같은 등간격으로 이루어진 양자화된 시스템 각 에너지 준위의 볼츠만 인자가 표시되어 있다.

온도 T가 0K이라고 하자. 그러면 각 볼츠만 인자는 다 0이고 맨 처음에 있는 1만 남으니 $q = 1$이 된다.

여기서 한 가지 추가적으로 짚고 넘어갈 것은 퇴화도가 1이 아닌 경우인데, 이때는 각 에너지 준위의 볼츠만 항 앞에 그 준위의 퇴화도가 곱해진다. 그래서 실제 분배함수는 더 일반적으로는 다음과 같이 쓸 수 있다.

$$q = \sum_{i=0}^{n} g_i e^{\left(\frac{-i\epsilon}{kT}\right)} \quad (g_i \text{는 각 에너지 준위의 퇴화도})$$

앞의 1장 양자화학 부분에서 설명했듯이 퇴화도는 특정한 에너지 준위의 상태 수, 예를 들어 주위에 자기장이 없을 때 s 오비탈은 퇴화도 1, p 오비탈은 자기양자수 m_l $-1, 0, 1$ 인 오비탈이 같은 에너지 준위에 있으니 퇴화도가 3, 이런 식이다. 선형 분자의 회전운동에서 주어진 양자수 J에 대해서 $2J+1$의 퇴화도가 있다고 2장 분광학 부분에서 설명한 바가 있다. 퇴화도가 높으면 그 에너지 준위에 개체가 들어갈 수 있는 상태의 개수가 그만큼 많아지는 것이니, 같은 에너지 준위에 있더라도 퇴화도가 높아지면 population은 그와 비례하여 커지게 된다.

퇴화도 문제는 생각하지 말고, uniform ladder로 돌아와서 온도가 무한대인 경우를 살펴보자. 온도가 무한대이면 각 볼츠만 인자는 1이 되고 결국 무한대 개의 에너지 준위가 있는 상황을 생각해 보면 분배함수는 무한대가 된다.

이미 말했다시피 각 에너지 준위의 볼츠만 인자는 각 에너지 준위의 바닥상태에 대한 상대적인 population의 비율이다. 온도가 0K일 경우 분배함수가 1이라는 것은, 결국 바닥상태에만 입자들이 차 있고, 바로 위 에너지 준위부터는 싹 다 비어 있다는 것을 의미한다. 온도가 무한대가 되어 모든 볼츠만 인자들이 다 1이 되어 분배함수가 무한대가 된다는 것은, 결국 모든 에너지 준위의 population과 바닥상태의 population이 같아진다는 것이다. 조금 더 직관적으로 이야기하자면, 각 에너지 준위 당 입자가 1개씩 있는 상태라는 것이다.

결국 분배함수의 정성적 의미는 입자가 차지하고 있는 에너지 준위 내지는 상태의 개수가 몇 개냐이다. 당연히 입자들이 온도가 올라갈수록 더 많은 에너지 준위 내지 상태를 차지하게 되니, 온도가 올라갈수록 특정한 시스템의 분배함수는 커지게 되고 이는 W의 증가를 의미하니, 앞서 언급한 볼츠만의 엔트로피에 대한 정의에 의하여 엔트로피는 증가하게 된다.

지금까지는 가상의 양자화된 시스템에 대한 분배함수 이야기를 했다. 이제 실제 분자에 대한 분배함수를 구해봐야 한다. 예를 들어 분자가 1몰이 있다고 하자. 우리는 분자 1몰에 대해서, 즉 아보가드로 숫자만큼 많은 분자들에 대해서 특정한 온도에 대해 다음과 같이 분배함수를 구할 수 있다.

분자의 에너지는 크게 핵의 에너지와 전자의 에너지로 나눌 수 있다고 2장 분광학 부분에서 설명했다. 본-오펜하이머 근사법에 의해 그렇게 기술할 수 있다. 왜? 핵이 무거워서 훨씬 더 느리게 움직이니 전자가 움직이는 동안 핵은 고정되어 있다고 기술할 수 있으니까. 우리는 전자의 에너지 준위를 일반화학 1에서 배우는 분자궤도함수 이론으로 기술할 수 있다고 배웠다. 가시광이나 자외선의 흡수 분광법을 이용하여, 전자배치의 바닥상태와 다양한 들뜬상태의 상대적인 에너지에 대한 정보를 얻을 수 있다. 그러면 그 분광학적으로 얻은 정보들을 이용하여 특정한 온도에서 그 분자에 대한 전자 분배함수를 구할 수 있다. 위에서 보여준 분배함수 식에서 각 양자준위의 에너지(ε)에 대한 정확한 값만 실험적으로 얻어낸다면, 주어진 온도에서 각 양자준위의 볼츠만 항을 구할 수 있고, 그렇다면 결국 그 온도에서의 분배함수를 구할 수 있다.

핵의 운동은 이미 2장 분광학에서 기술하였듯이 병진운동, 회전운동, 진동운동으로 구분된다. 모두 양자화된 에너지 준위로 구성되어 있으며 그 에너지 준위는 각각 다른 수식으로 기술되어 있다. 병진운동은 사실 에너지가 양자화가 되어 있기는 하나 인접한 에너지 준위 사이의 차가 너무 작아서 에너지 준위들이 거의 붙어있는 연속적인 상태로 생각해도 된다고 배웠다(엄청 큰 상자 속의 알맹이). 여하튼 우리는 병진운동에 대한 분배함수, 회전운동에 대한 분배함수, 진동운동에 대한 분배함수를 지금까지 양자화학과 분광학에서 배운 수식들을 이용하여 구할 수 있다. 분배함수를 구하는 식은 앞에 이미 주어졌고 그 분배함수의 식 안의 ϵ 내지 $i\epsilon$항 안에 병진운동 준위를 기술하는 식을 넣으면 병진운동의 분배함수, 회전운동 준위 식을 넣으면 회전운동의 분배함수, 진동운동 준위를 기술하는 식을 넣으면 진동운동의 분배함수가 되는 것이다. 물론 경우에 따라서는 퇴화도도 고려해야 한다. 각 볼츠만 인자들을 하나하나 구해서 더할지 아니면 $\sum$ 항을 수학적으로 조금 더 쉽게 근사적으로라도 처리하여 간단한 수식으로 정리할지를 좀 고민하면 된다. 힌트를 주자면 회전운동의 분배함수의 경우 각각의 에너지 준위가 서로 멀리 떨어져있다고 생각할 수밖에 없는 상태에서는 각 볼츠만 항을 하나씩 구해서 더하는 방법으로 분배함수를 구할 수 있고, 만약 에너지 준위들이 서로 연속적이라고 근사적으로 생각해도 될만한 상황이라면 $\sum$를 적분, 즉 $\int$로 바꾸고 난 뒤 수학적인 기법을 좀 더 동원할 수 있다.

전자의 분배함수, 핵의 병진운동의 분배함수, 회전운동의 분배함수, 진동운동의 분배함수를 다 따로따로 구해서 이들을 다 곱하면 분자의 총 분배함수가 구해지게 된다. 각 에너지가 분배함수의 지수항에 들어가니 지수항에서 그 에너지를 다 더하게 되는 것은 각 지수항을 곱하는 것과 같다. 그래서 개별적인 분배함수를 다 곱하면 분자의 총 분배함수가 된다. 전자의 분배함수에는 전자가 바닥상태의 전자 구조를 가지는 것이 분자 1몰 중 몇 개인지, 그 위 에너지 준위 전자배치 상태에 있는 분자는 몇 개인지 등에 대한 정보가 압축되어 있다. 회전운동의 분배함수의 경우 분자 1몰 중 회전하지 않는 것($J = 0$)은 몇 개인지, 가장 천천히 회전하는 ($J = 1$) 분자는 몇 개인지, 그 외 J가 더 큰 각 회전준위에 있는 분자들은 몇 개인지 등에 대한 정보를 가지고 있다. 당연히 주어진 분자에 대해 온도가 변함에 따라 따라서 분배함수는 변한다. 같은 온도에서 각기 다른 에너지 준위를 가지고 있는 분자들의 분배함수는 다르다. 병진, 진동 분배함수 모두 마찬가지다.

분배함수를 구하면 계의 에너지를 구할 수 있다. 분배함수 안에는 각 에너지 준위에 대한 정보와 각각의 에너지 준위의 population에 대한 정보가 다 들어가 있고 각 에너지 준위와 그 준위의 population을 곱한 것을 모든 에너지 준위에 대해서 다 더하면 내부에너지가 되니, 내부에너지를 분배함수로부터 구할 수 있음은 이해할 만하다. 전자의 내부에너지, 병진운동의 내부에너지, 회전운동의 내부에너지, 진동운동의 내부에너지를 다 따로 구할 수 있고 이를 다 더하면 분자들로 구성된 계 전체의 내부에너지가 도출된다. 이는 열역학 제1법칙에서 이야기하는 계의 내부에너지이다.

Weight of Configuration으로부터 앞에 기술한 볼츠만의 엔트로피의 정의에 의거하여 계의 엔트로피도 구할 수 있다. 전자의 엔트로피, 병진 엔트로피, 회전 엔트로피, 진동 엔트로피를 다 따로 구할 수 있고 이를 다 더하면 분자들의 계 전체의 엔트로피가 나온다.

전자의 깁스 에너지, 병진 깁스 에너지, 회전 깁스 에너지, 진동 깁스 에너지, 이를 다 합치면 분자들의 계 전체의 깁스 에너지, 전자의 헬름홀츠 에너지, 병진 헬름홀츠 에너지, 회전 헬름홀츠 에너지, 진동 헬름홀츠 에너지를 다 합치면 분자들의 계 전체의 헬름홀츠 에너지…… 각각의 세부적인 내용들은 각종 수식들의 향연이다.

우리는 통계열역학과 열역학에 입문하기 위한 모든 지식은 이제 다 배웠다. 양자화학을 배웠고 분광학도 배웠다. 볼츠만 분배와 엔트로피, 분배함수도 배웠다. 이제 이 지식들과 함께 통계열역학과 열역학의 세계로 들어가면 된다. 위에서 거의 한 페이지에 걸쳐 대략적으로 기술한 것들 각각에는 복잡한 수학적인 전개 과정이 따라붙는다. 너무 수학적인 과정에 부담을 느끼지 말고 각 식의 유도 과정보다는 최종적으로 유도되는 식의 물리화학적 의미를 이해하려고 하면 물리화학이 조금 수월해진다. 수식을 외우려고 하지도 말았으면 한다. 내가 물리화학 2라는 과목에서 통계열역학을 강의하고 시험을 볼 때 모든 수식이 적힌 종이를 학생들에게 나눠주고 시험을 치르는데, 그 이유는 주어진 문제에 대해 풀이에 필요한 올바른 수식을 잘 선택할 수 있는지와 그 식을 이용하여 정확하게 계산할 수 있는지를 평가하고자 함이다. 아니, 책에 다 자세히 나와 있는 수식들을 왜 내가 꼭 외워야 하나? 그거 어차피 시험만 보고 나면 다 까먹을 것을? 나처럼 다년간 통계열역학을 강의하다 보면 자연스럽게 외워지게 되는 것들이 있는데, 굳이 억지로 처음부터 수식을 외우는데 시간을 쓰지 말고 그 시간에 통계열역학과 열역학의 본질적 물리적 의미를 파악하는 데 시간을 더 썼으면 하는 바람이다.

내가 지금까지 이 책에서 기술한 내용만 알고 있다면 어디 가서 물리화학 못한다는 소리는 듣지 않을 것 같다. 통계열역학을 관통하려면 좀 험한 길을 더 지나가야 한다. 중간에 험악한 놈들도 도사리고 있다. 혼자 건너가긴 좀 어렵다. 나 같은 사람과 함께 건너가면 가 볼 만한 길이라는 것이 내 생각이다. 이제 남은 몇 페이지에서는 통계열역학의 몇 가지 심화된 내용에 대해서 살펴보겠다. 일종의 통계열역학 제대로 된 맛보기 정도로 생각하면 되겠다.

먼저 병진운동에 대해 살펴보자. 1차원 상자 속의 알맹이의 에너지 준위는 이미 1장 양자화학에서 배우고 그 뒤로도 몇 번 언급했던 바와 같이 아래와 같다.

$$E = \frac{n^2 h^2}{8mL^2},\ n = 1, 2, 3\cdots\cdots$$

위의 E는 절대적인 에너지이며 여기서는 $n = 1$인 바닥상태의 에너지가 0이 아니다. 이 식으로 기술되는 상자 속의 알맹이를 다음과 같이 바뀐 식으로 표현해 본다.

$$\epsilon_i = \frac{n^2 h^2}{8mL^2} - \frac{h^2}{8mL^2},\ n = 1, 2, 3\cdots\cdots$$

위 식에서 ϵ_i는 $n = 1$인 바닥상태의 에너지에 대한 다른 준위들의 상대적인 에너지이며 바닥상태의 ϵ_i는 0이 된다. 여기서 아래첨자 i는 $n - 1$과 같다.

앞에서 이미 언급한 바와 같이 분배함수는 다음과 같이 일반적으로 기술된다.

$$q = \sum_{i=0}^{n} g_i e^{\left(-\frac{\epsilon_i}{kT}\right)}$$

g_i는 각 에너지 준위의 퇴화도이다.

이 분배함수 식의 ϵ_i 항에, 바로 위에 표기한 1차원 상자 속의 알맹이의 에너지 준위를 그 바닥상태에 대한 상대적인 에너지로 표현한 식을 넣으면, 1차원 상자 속의 알맹이에 대한 주어진 온도에서의 분배함수 q를 구할 수 있다.

열역학에서 이야기하는 병진운동의 상자 크기(예를 들어 기체가 풍선 안에 들어가 있는 경우라면 풍선의 한 변의 길이, 위 식의 L)는 수 cm 내지 수 m로 그 값이 매우 크며, 이 경우 인접한 에너지 준위 사이의 에너지 간격이 매우 좁아서 사실 에너지 준위들끼리 거의 붙어 있다고 볼 수 있다. 자세한 수학적인 과정은 생략하겠지만, 이 경우 위 분배함수를 구하는 식의 $\sum$를 $\int$로 바꾸고 몇 가지 수학적인 기법을 이용하여 1차원적인 병진운동의 분배함수를 좀 간단한 식으로 표현할 수 있게 된다. 그 결과 1차원 병진운동의 분배함수는 다음과 같이 기술된다.

$$q\,(\text{병진운동}) = \sqrt{\frac{2\pi mkT}{h^2}}\, X$$

여기서 X는 상자 한 변의 길이를 표현한다(기존의 L과 같은 의미이다).

3차원의 병진운동의 경우

$$q\,(\text{병진운동}) = \left(\frac{2\pi mkT}{h^2}\right)^{\frac{3}{2}} V$$

여기서 V는 상자의 부피, 즉 상자 세 변의 길이의 곱이다. 병진운동의 경우 항상 분배함수가 이렇게 하나의 식으로 기술되니 간단하다. 여기서는 생략한 식의 유도 과정이 더 궁금하다면 물리화학 교재를 참고하면 된다. 여기서는 위에서 본 바와 같이, 각 분배함수의 자세한 유도 과정은 생략하고 각 유도 과정에서 얻어지는 분배함수를 표현하는 최종식만 기술하고 설명하도록 하겠다.

회전운동의 경우 2장 분광학에서 배운 내용을 상기해보면 선형 분자의 회전

에너지 준위는 $hcBJ(J+1)$, $J = 0, 1, 2 \cdots\cdots$로 기술되며 각 J는 $2J+1$개의 퇴화도를 갖는다. 인접한 회전 에너지 준위 사이의 에너지 차이는 마이크로파에 해당하며 매우 작지만, 병진운동의 인접한 에너지 준위 사이보다는 훨씬 크다. 사실 병진운동의 경우 우리가 실제로 그 에너지 준위 사이의 갈라짐을 실험적으로 관찰할 방법이 없다. 개념적으로 에너지 준위가 양자화가 되어 있긴 하나 실제로는 서로 너무 가까이 있어서 에너지가 연속적인 것처럼 관찰되기만 한다. 반면, 회전운동의 경우 마이크로파를 이용한 흡수 분광법으로 각 에너지 준위가 갈라져 있음을 관찰할 수 있다.

온도가 매우 낮아서, 어떤 선형 분자의 $J = 0$, $J = 1$, $J = 2$인 에너지 준위에만 분자가 존재하고 더 높은 회전운동에너지를 가지는 분자는 없다고 가정하자. 그러면 퇴화도를 고려한 각 에너지 준위의 $J = 0$ 에너지 준위에 대한 볼츠만 인자는 다음과 같다.

$$J = 0 \text{인 경우 } 1, \quad J = 1 \text{인 경우 } 3e^{\left(-\frac{-2hcB}{kT}\right)}, \quad J = 2 \text{인 경우 } 5e^{\left(-\frac{-6hcB}{kT}\right)}$$

이 세 볼츠만 인자를 모두 더하면 이 경우에 대한 회전운동의 분배함수가 된다. 이렇게 낮은 에너지 준위 3개의 회전운동만 존재할 수 있는 것은 물론 온도가 매우 낮은 경우에만 가능하다.

분자에 따라 정확한 온도는 다르나, 온도가 수십 K 내지 100~300K 정도가 되면 분자의 회전운동은 J값이 매우 큰 준위까지 도달하게 된다(도달한다는 것은 그 에너지 준위의 볼츠만 인자가 0이 아닌 값을 가질 수 있다는 것, 즉 population이 0이 아님을 의미한다. 회전운동을 하는 분자가 J값이 매우 큰 준위까지 채우게 된다고 표현할 수도 있겠다). 분자의 회전운동이 존재하는 가장 낮은 에너지 준위(이는 당연히 $J = 0$이다)부터 가장 높은 에너지 준위까지의 폭과 비교하여 인접한 회전준위($\Delta J = \pm 1$) 사이의 에너지 차이는 매우 작은 상태가 되고 이 경우에 수학적인 근사법(앞에서 병진운동의 분배함수를 구할 때와 같이 분배함수를 구하는 식의 $\sum$를 $\int$로 바꾸고 추가적인 수학적인 기술을 사용)을 통해 분배함수를 더 간단한 하나의 식으로 유도해낼 수 있게 된다. 이 경우 선형 분자의 분배함수는 다음과 같이 기술된다.

$$q \text{ (회전운동)} = \frac{kT}{hcB}$$

사실은 여기서 symmetry number, 즉 대칭수가 고려되어야 하는데 이 내용은 생략하겠다. 이에 대해서는 물리화학 교재를 참고하기 바란다.

3차원 비대칭적인 구조를 가지는 분자의 경우 회전운동의 분배함수는

$$q \text{ (회전운동)} = (\frac{kT}{hc})^{\frac{3}{2}} (\frac{\pi}{ABC})^{\frac{1}{2}}$$

여기서 A, B, C는 각기 다른 3개의 회전축에 대한 회전상수이다. 앞에서 자세히 설명은 안했으나 선형 분자는 하나의 회전상수 B를 가지며 3차원, 비대칭 분자는 3개의 각기 다른 회전축에 대한 회전상수를 가진다.

자, 이제 진동운동의 분배함수를 살펴보자. 2장 분광학 분야에서 배운 바와 같이 이원자 분자의 조화 진동자 모델에서 진동운동의 바닥상태의 에너지에 대한 상대적인 에너지는 $nhc\tilde{\nu}$라고 할 수 있다. 여기서 $n = 0, 1, 2, 3\cdots\cdots$이며, 퇴화도는 모두 1이라 따로 고려할 필요가 없다. 그러면 각 에너지 준위의 볼츠만 인자를 다 더하면 아래 식과 같이 기술되고 이것이 진동운동의 분배함수이다.

$$q \text{ (진동운동)} = 1 + e^{(-\frac{hc\tilde{\nu}}{kT})} + e^{(-\frac{2hc\tilde{\nu}}{kT})} + e^{(-\frac{3hc\tilde{\nu}}{kT})}\cdots\cdots$$

위 식에 우리가 고등학교에서 배운 등비수열의 식을 적용할 수 있는 상황이라면(허용된 n값이 충분히 큰 경우)

$$q \text{ (진동운동)} = \frac{1}{1 - e^{-\frac{hc\tilde{\nu}}{kT}}}$$

이 식은 어느 정도 높은 온도에서 조화진동자에서는 적용이 가능하다. 앞의

회전운동 분배함수의 경우 극저온과 상대적으로 높은 온도에서 각기 다른 분배함수를 기술하는 식이 있다고 했는데 진동운동 분배함수를 구할 때는 위 식을 온도의 범위와 거의 무관하게 조화진동자 모델에 대한 경우라면 사용할 수 있다는 것이다. 물론 아주 낮은 온도에서는 위에서 언급한 등비수열 식이 적용되지 않으니 위 식을 사용하는 것이 불가능하고 각각의 볼츠만 인자를 따로 구해서 더함으로써 분배함수를 구해야 하겠으나, 어느 정도의 높은 온도에서부터는 위 식의 사용이 가능하다.

분광학에서 인접한 진동운동의 에너지 준위의 차이는 회전운동의 경우보다는 훨씬 커서 마이크로파보다는 에너지가 훨씬 큰 적외선을 흡수해야 진동운동의 전이가 일어날 수 있다고 2장 분광학 부분에서 배웠다. 만약 온도가 수천 K 이상이 되어 진동운동의 전이가 충분히 일어나서 아주 낮은 n 값뿐만 아니라 엄청 큰 n에 해당하는 높은 에너지의 진동준위까지 분자가 차지하게 되었다고 한다면 우리는 Taylor 전개의 도움을 받아 다음과 같은 근사를 쓸 수가 있게 된다.

$$e^{-\frac{hc\tilde{\nu}}{kT}} = 1 - \frac{hc\tilde{\nu}}{kT}$$

참고로 Taylor 전개는 $e^x = 1 + x + \dfrac{x^2}{2!} + \dfrac{x^3}{3!} \cdots\cdots$ 이다.

x 의 절대값이 1보다 매우 낮은 값이라면, $e^x = 1 + x$로 근사적으로 쓸 수 있다. 바로 위 진동운동의 높은 온도에서의 분배함수 식에서 $-\frac{hc\tilde{\nu}}{kT}$ 가 Taylor 전개의 x 에 해당하는데, 매우 높은 온도에서는 $\frac{hc\tilde{\nu}}{kT}$ 가 1보다 매우 작으므로 이러한 근사법이 가능하다. 이 Taylor 전개에 의해 간소화된 매우 높은 온도에 적용되는 식을 이용하면 진동운동의 분배함수는

$$q \text{ (진동운동)} = \frac{kT}{hc\tilde{\nu}}$$

이라고 쓸 수 있다.

<table>
<tr><td colspan="5" align="center">분배함수</td></tr>
<tr><td></td><td align="center">병진운동</td><td align="center">회전운동</td><td align="center">진동운동</td><td align="center">전자의 에너지</td></tr>
<tr>
<td align="center">상대적으로
낮은 온도에서</td>
<td rowspan="2" align="center">$\left(\dfrac{2\pi mkT}{h^2}\right)^{3/2}V$
(3차원)</td>
<td align="center">볼츠만 항을 하나
하나 구해서 더함</td>
<td align="center">극저온에서는 각
볼츠만 인자를 구해
더해야 함.
좀 더 높은 온도에서
는 아래식
$\dfrac{1}{1-e^{-hc\tilde{v}/kt}}$</td>
<td align="center">대부분 1 또는
바닥상태의
퇴화도</td>
</tr>
<tr>
<td align="center">상대적으로
높은 온도에서</td>
<td align="center">$\dfrac{kT}{hcB}$ (선형)
$\left(\dfrac{kT}{hc}\right)^{3/2}\left(\dfrac{\pi}{ABC}\right)^{1/2}$
(3차원 비대칭)</td>
<td align="center">$\dfrac{kT}{hc\tilde{v}}$</td>
<td align="center">대부분 1 또는
바닥상태의
퇴화도</td>
</tr>
</table>

그림 55 각기 다른 분자의 운동 모드의 상대적으로 낮은 온도와 높은 온도에서의 분배함수를 정리하였다.

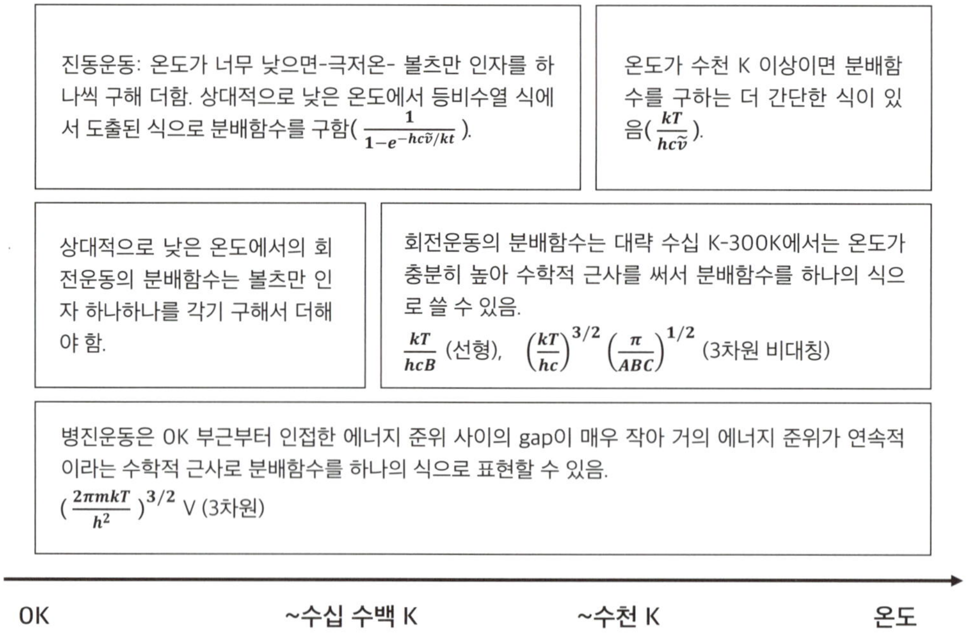

진동운동: 온도가 너무 낮으면-극저온- 볼츠만 인자를 하나씩 구해 더함. 상대적으로 낮은 온도에서 등비수열 식에서 도출된 식으로 분배함수를 구함($\dfrac{1}{1-e^{-hc\tilde{v}/kt}}$).

온도가 수천 K 이상이면 분배함수를 구하는 더 간단한 식이 있음($\dfrac{kT}{hc\tilde{v}}$).

상대적으로 낮은 온도에서의 회전운동의 분배함수는 볼츠만 인자 하나하나를 각기 구해서 더해야 함.

회전운동의 분배함수는 대략 수십 K-300K에서는 온도가 충분히 높아 수학적 근사를 써서 분배함수를 하나의 식으로 쓸 수 있음.
$\dfrac{kT}{hcB}$ (선형), $\left(\dfrac{kT}{hc}\right)^{3/2}\left(\dfrac{\pi}{ABC}\right)^{1/2}$ (3차원 비대칭)

병진운동은 0K 부근부터 인접한 에너지 준위 사이의 gap이 매우 작아 거의 에너지 준위가 연속적이라는 수학적 근사로 분배함수를 하나의 식으로 표현할 수 있음.
$\left(\dfrac{2\pi mkT}{h^2}\right)^{3/2}V$ (3차원)

0K   ~수십 수백 K   ~수천 K   온도

그림 56 〈그림 55〉의 각 운동 모드의 분배함수 계산에 대해, 〈그림 55〉에서와 같이 각 모드별 상대적인 온도에서가 아닌, 이 그림의 맨 아래 표기된 것과 같이 모든 운동에 공통적으로 적용되는 절대적인 온도 스케일에 대해 정리하였다.

핵의 병진운동, 회전운동, 진동운동의 분배함수들을 다뤄봤고, 이제 분자의 에너지 모드들 중에는 전자의 분배함수만 남았다. 전자가 차지하는 분자궤도함수 간의 에너지 차이는 가시광 또는 자외선의 에너지에 해당할 정도로 크며, 이를 온도로 환산하면 아마도 수만도 또는 그 이상의 온도가 될 것이다. 빛의 에너지를 온도로 환산하는 내용은 통계열역학의 균등 분배 원리를 배우면서 함께 배우게 된다. 뒤에 균등 분배 원리는 짧게 소개하겠다. 우리가 열역학에서 다루는 온도의 범위는 0K부터 시작하여 기껏해야 수천 K 정도이다. 이 정도의 온도에서는 전자는 대부분의 경우 바닥상태의 전자배치를 가지고, 전혀 들뜨지 않는다고 보는 것이 타당하다. 그러면 전자의 분배함수는 바닥상태가 퇴화도가 1이라면 1, 바닥상태의 퇴화도가 1이 아닌 수 g라면 g라고 볼 수가 있다. 전자가 더 낮은 온도에서 들뜰 수 있는 아주 예외적인 경우들이 있는데 이에 대한 자세한 설명은 생략하기로 한다. 여기서 생략된 것들은 모두 물리화학 교재를 통해서나 전공 수업 시간에 자세히 배울 수 있을 것이다. 이 경우 각 에너지 준위에 대한 볼츠만 인자를 하나하나 구해서(퇴화도를 고려하여) 더하는 식으로 분배함수를 얻을 수 있다. 지금까지 기술한 내용을 〈그림 55〉에서 표로, 〈그림 56〉에서 다시 온도 구간별로 도식화시켜 정리해 보았다. 여기서 정확한 구간의 경계 온도는 분자 구조마다 다르며 대략적인 것임을 강조한다.

이제 이 각 상황의 분배함수 식들을 이용하여 통계열역학적 내부에너지와 엔트로피, 깁스 에너지 정도까지 구하게 되면 학부 수준 통계열역학의 기초는 한 번 훑었다고 할 수가 있겠다. 그 다음엔 여기선 다루지 않겠으나, 거시적인 열역학을 배우고 이를 통계열역학의 내용들과 연결시키는 내용들이 이어진다. 평형상수 K의 통계열역학적 표현 등이 그 내용에 포함된다. 그 뒤로도 통계열역학의 내용들은 반응속도론의 전이상태이론 등에서 다시 등장하게 된다. 쉽지는 않은 길이다. 그래서 나 같은 멘토가 물리화학의 배움에 동행해야 한다는 것 아니겠는가(농담이다)?

5 분자의 내부에너지

앞에서 이야기했듯이 분배함수 q를 알면 내부에너지를 알 수가 있다.

앞에서 설명하지 않았지만, 볼츠만 분배는 모든 에너지 준위의 퇴화도는 1이라고 가정했을 때 다음과 같은 수식으로 기술된다.

$$\frac{N_i}{N} = \frac{e^{\left(-\frac{\epsilon_i}{kT}\right)}}{q}$$

여기서 N_i는 에너지가 ϵ_i인 에너지 준위의 population, N은 계 안의 분자의 총 개수다. q가 바닥상태 대비 특정 에너지 준위의 population의 비율을 모든 에너지 준위에 대해 구한 뒤에 그들을 다 합한 것이라는 것을 고려하면 계 안의 전체 분자 수 대비 특정한 에너지 준위의 분자 수는 그 특정한 에너지 준위의 볼츠만 인자를 분배함수로 나눈 것과 같다는 것을 이해할 만하다.

분자 N개로 구성된 계의 총에너지 또는 내부에너지는

$$E = \sum_{i=0} N_i \epsilon_i$$

N_i는 ϵ_i의 에너지를 가지고 있는 준위의 population이다. 각 분자의 에너지를 다 더하면 계의 총 내부에너지가 되는 것은 이해하기 어렵지 않을 것이다. 사실 이 총에너지 식에 바닥상태의 에너지를 더해야 하는데, 이에 대해서도 생략하고 바닥상태가 0이라고 가정하고 기술한다. 일반적으로 바닥상태의 에너지는 총 내부에너지에 비해 매우 작은 값이라고 볼 수 있다.

분자 하나당 평균 에너지 $<\epsilon>$(계의 전체 에너지 E를 분자수 N으로 나눈 값)는 위의 볼츠만 분배를 고려하면 다음과 같은 식으로 기술할 수 있다.

$$<\epsilon> = \frac{E}{N} = \frac{1}{N}\sum_i \epsilon_i N_i = \frac{1}{q}\sum_i \epsilon_i e^{\left(-\frac{\epsilon_i}{kT}\right)}$$

여기서

$$\epsilon_i e^{\left(-\frac{\epsilon_i}{kT}\right)} = -\frac{d}{d\left(\frac{1}{kT}\right)} e^{\left(-\frac{\epsilon_i}{kT}\right)}$$

임을 고려하면 결국

$$<\epsilon> = -\frac{1}{q}\sum_i \frac{d}{d\left(\frac{1}{kT}\right)} e^{\left(-\frac{\epsilon_i}{kT}\right)} = -\frac{1}{q}\frac{d}{d\left(\frac{1}{kT}\right)}\sum_i e^{\left(-\frac{\epsilon_i}{kT}\right)} = -\frac{1}{q}\frac{dq}{d\left(\frac{1}{kT}\right)}$$

위 식에서 보듯이 분배함수 q와 온도 T를 알면 분자 하나당 평균 에너지를 알 수 있고 여기에 분자수 N을 곱하면 내부에너지, 엄밀하게 말하면 $U - U(0)$를 알 수 있게 된다. U는 일정한 온도에서의 내부에너지, $U(0)$는 0K에서의 내부에너지이다.

그러면 앞에서 배운 병진운동, 회전운동, 진동운동, 전자에 대한 각각의 분배함수를 이용하면 각각의 내부에너지를 구할 수가 있다. 앞에서 이미 각 온도 범위별로 어떻게 각각의 에너지 모드에 대한 분배함수를 구하는지 설명하였고, 이를

〈그림 55〉에서 정리하였다. 그리고 이렇게 구한 네 가지 각기 다른 종류의 분배함수를 이용하여 구한 내부에너지를 다 더하면 N개의 분자가 포함된 계의 총 내부에너지가 된다. 이 내부에너지가 열역학 제1법칙에서 기술하는 계의 내부에너지이며 이렇게 통계열역학과 거시적인 열역학이 연결이 되는 것이다.

이런 분배함수를 이용하여 내부에너지를 구하는 과정에서 우리는 균등 분배 원리라는 것을 도출하게 된다. 자세한 수학적인 유도 과정은 생략하고 균등 분배 원리가 무엇인지에 대해서만 살펴보면, 이차항 하나로 기술되는 에너지에 대한 내부에너지는 분자 하나당 $\frac{1}{2}kT$, 1몰당 $\frac{1}{2}RT$이다.

고전적으로 분자의 각 에너지 모드의 수학적 기술, 각 에너지 모드당 2차 항의 개수와 균등 분배의 원리에 의한 내부에너지를 〈그림 57〉에 표로 정리하였다. 이 표에서 2차항의 개수 곱하기 $\frac{1}{2}RT$를 하면 해당 에너지 모드의 1몰당 내부에너지가 된다(다시 말하지만 엄밀하게 말하면 $U-U(0)$).

이 표에서 특히 다른 에너지는 한 방향 내지 하나의 자유도당 2차항이 하나

	자유도	에너지 기술	2차항의 개수	균등 분배 원리에 의한 내부에너지
가상적인 1차원 병진운동	1	$\frac{1}{2}mv_x^2$	1	1/2RT
3차원 병진운동	3	$\frac{1}{2}mv_x^2$ $+\frac{1}{2}mv_y^2$ $+\frac{1}{2}mv_z^2$	3	3/2RT
선형분자의 회전운동	2	$\frac{1}{2}Iw_x^2$ $+\frac{1}{2}Iw_y^2$	2	RT
비선형 분자의 회전운동	3	$\frac{1}{2}Iw_x^2$ $+\frac{1}{2}Iw_y^2$ $+\frac{1}{2}Iw_z^2$	3	3/2RT
선형 분자의 진동운동	3N-5	진동모드 하나당 $\frac{1}{2}k(R-Re)^2+\frac{1}{2}mv_x^2$	진동모드 하나당 2	진동모드 하나당 RT
비선형 분자의 진동운동	3N-6	진동모드 하나당 $\frac{1}{2}k(R-Re)^2+\frac{1}{2}mv_x^2$	진동모드 하나당 2	진동모드 하나당 RT

그림 57 각 분자 운동 모드에 대한 에너지를 균등 분배 원리에 의거하여 정리한 표이다.

인데, 진동에너지는 위치에너지와 운동에너지의 합으로 기술되어 진동모드 1개당 2차항이 2개라는 점을 기억해야 한다. 이원자 분자의 진동 내부에너지는 진동모드는 1개고 그 1개의 에너지가 kT이니 kT, 회전운동은 회전 자유도는 2이며(2개의 회전축), 회전축 하나당 1/2kT이니 회전 내부에너지는 kT, 병진운동은 각 방향당 1/2kT로 3차원 운동은 3/2kT이다. 이 부분이 잘 기억이 안 난다면 1장 양자화학 부분의 진동운동을 포함한 각 운동에 대해 다시 공부하자. 균등 분배 원리에 의거하여 우리는 대략적으로 kT값이 그 온도의 에너지의 범위에 해당한다고 이야기한다. 온도가 300 K이라면 kT는 0.026 eV로 이 에너지는 원적외선 정도에 해당하는데, 이는 분자의 회전운동을 전이시키기에는 충분한 에너지이나, 일반적으로 진동운동을 전이시키기에는 낮은 편이다. 이 온도에서 전자의 전이가 일어나기는 당연히 거의 불가능하다.

문제는 항상 이 균등 분배 원리를 사용하여 에너지를 구할 수는 없다는 것이다. 앞에서 분배함수를 구할 때 분배함수는 각 에너지 준위의 볼츠만 인자를 그 에너지 준위의 퇴화도와 곱한 뒤에 각 에너지 준위의 이 값을 모두 더해서 구하는 것이 원칙이라고 배웠다. 그런데 온도가 인접한 에너지 준위들 사이의 에너지 간격에 비해 매우 큰 상태라 수학적인 "높은 온도 근사법"을 이용할 수 있는 상태가 된다면 좀 더 간단한 식으로 분배함수를 기술할 수 있다고 배웠다. 균등 분배 원리는 수학적으로 $\sum$ 대신 $\int$를 이용한다던지, Taylor 전개에서 도출된 근사법을 이용한다던지 하는 앞에서 이야기한 높은 온도에서 근사적으로 분배함수를 좀 더 쉽게 구하는 과정이 적용되는 그 높은 온도에서만 사용할 수 있다는 것이다.

앞에 〈그림 56〉에서 에너지 모드별 온도 구간별 분배함수를 구하는 방법을 정리해 놓은 표를 보여줬는데 이를 〈그림 58〉에 다시 한번 보여준다. 〈그림 58〉에는 일부분이 연한 자주색으로 채워져 있는데, 각 에너지 모드의 상대적으로 높은 온도 구간에서만 균등 분배 원리를 사용할 수가 있다.

균등 분배 원리를 사용할 수 없는 상황에서는 내부에너지를 어떻게 구할까? 〈그림 58〉의 흰색으로 채워져 있는 부분의 경우 여기에 제시된 방법대로 볼츠만 인자를 하나하나씩 더하던지 하는 방식을 사용하여, 다시 말해 높은 온도 근사법

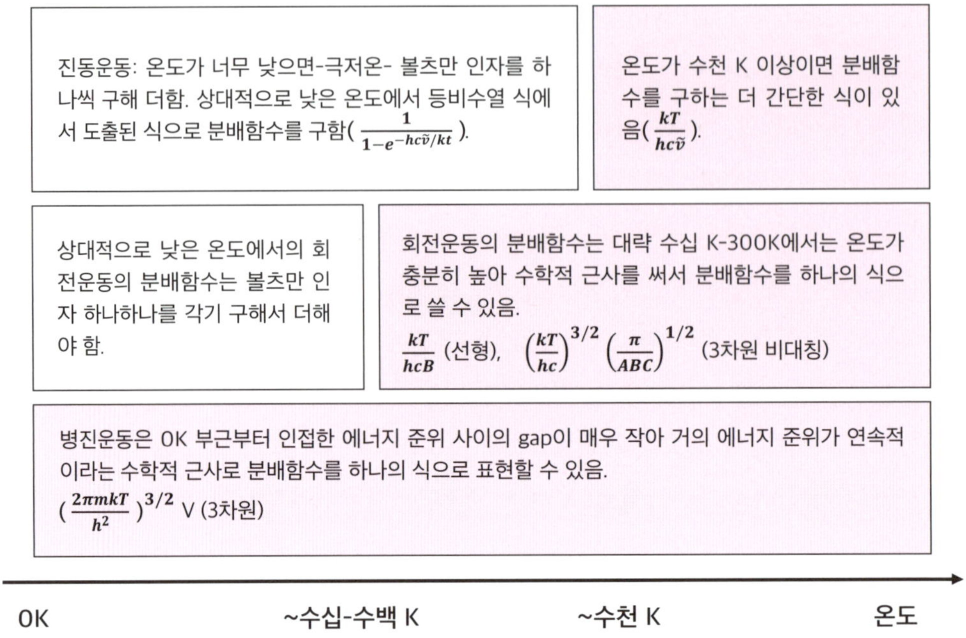

진동운동: 온도가 너무 낮으면-극저온- 볼츠만 인자를 하나씩 구해 더함. 상대적으로 낮은 온도에서 등비수열 식에서 도출된 식으로 분배함수를 구함($\frac{1}{1-e^{-hc\tilde{v}/kt}}$).

온도가 수천 K 이상이면 분배함수를 구하는 더 간단한 식이 있음($\frac{kT}{hc\tilde{v}}$).

상대적으로 낮은 온도에서의 회전운동의 분배함수는 볼츠만 인자 하나하나를 각기 구해서 더해야 함.

회전운동의 분배함수는 대략 수십 K-300K에서는 온도가 충분히 높아 수학적 근사를 써서 분배함수를 하나의 식으로 쓸 수 있음.

$\frac{kT}{hcB}$ (선형), $\left(\frac{kT}{hc}\right)^{3/2}\left(\frac{\pi}{ABC}\right)^{1/2}$ (3차원 비대칭)

병진운동은 0K 부근부터 인접한 에너지 준위 사이의 gap이 매우 작아 거의 에너지 준위가 연속적이라는 수학적 근사로 분배함수를 하나의 식으로 표현할 수 있음.

$\left(\frac{2\pi mkT}{h^2}\right)^{3/2} V$ (3차원)

0K 　　　~수십-수백 K 　　　~수천 K 　　　온도

그림 58 〈그림 56〉의 도식화된 그림에서 균등 분배 원리를 사용하여 에너지를 구할 수 있는 구간을 자주색으로 표기하였다.

을 사용하지 않은 채로 분배함수를 구한 뒤, 이 분배함수를 $1/kT$로 미분한 항이 포함된 앞에서도 설명한 바 있는 분자의 평균 에너지와 분배함수 사이의 관계식을 이용하여 내부에너지를 구해야 한다. 이는 수학적으로 매우 복잡한 일이다. 여기서는 전반적인 이해를 돕기 위해 자료를 구성하려고 노력하기에, 이러한 너무 복잡한 수학적 전개 과정은 생략한다. 유난히 통계열역학 부분에 와서 수학적으로 자세한 내용은 생략한다는 말을 내가 계속 하는 것을 보니 통계열역학에 수학이 많이 나오긴 하나 보다. 여하튼 균등 분배 원리를 사용할 수 없는 경우의 내부에너지는 균등 분배 원리를 이용하여 얻는 같은 온도의 내부에너지보다는 그 값이 작다.

〈그림 59〉의 표에는 온도 구간별 내부에너지를 대략적으로 정리해 보았다. 이 표에서 어떤 에너지 모드가 "활성화 되지 않다"는 것은 상대적으로 에너지 준위들 사이의 간격 대비 계의 온도가 너무 낮아 해당 에너지 모드에서는 분자들이 거의 대부분 바닥상태에 자리잡고 있다는 것을 의미한다. "활성화 되기 시작했다"

처음 만나는 물리화학

	~수 K	~수 K ⟨ T ⟨ ~수십-수백 K	~수십-수백 K	~수십-수백 K ⟨ T ⟨ 수천 K	~수천 K
3차원 병진운동	활성화됨	활성화됨	활성화됨	활성화됨	활성화됨
3차원 병진운동의 내부에너지	3/2RT	3/2RT	3/2RT	3/2RT	3/2RT
회전운동	활성화안됨	활성화 되기 시작	활성화됨	활성화됨	활성화됨
회전운동의 내부에너지	~0	0⟨E⟨RT	RT	RT	RT
진동운동	활성화안됨	활성화안됨	활성화안됨	활성화되기 시작	활성화됨
진동 운동의 내부에너지	~0	~0	~0	0⟨E⟨RT	RT
총에너지	3/2RT	3/2RT ⟨E ⟨5/2RT	5/2RT	5/2RT ⟨E ⟨7/2RT	7/2RT

그림 59 이원자 분자의 각각의 운동 모드가 어떤 온도 구간에서 어떤 에너지 값을 갖게 되는지를 균등 분배 원리를 고려하여 정리하였다. 자세한 설명은 본문을 참고하기 바란다.

는 것은 그 에너지 모드에서 바닥상태보다 높은 양자 상태로 들뜸이 일어나기 시작했다는 것을 의미한다. "완전 활성화가 되었다"는 것은 분자가 높은 에너지 준위들도 충분히 많이 차지하게 되어 분자가 차지하고 있는 에너지 준위들의 에너지 폭이 각각의 인접한 에너지 준위들 사이의 에너지 차이보다 훨씬 커서 분배함수를 계산하는데 "높은 온도 근사법"을 이용하고 균등 분배 원리를 내부에너지 계산에 적용할 수 있음을 의미한다. 이 표는 이원자 분자 1몰에 대한 것으로 분자가 비선형이라면 회전운동에 2개 대신 3개의 자유도를 고려하여 내부에너지를 계산하여야 하며 원자 수가 3개 이상이면 해당 진동모드의 수를 고려하여 진동운동 내부에너지를 계산하여야 한다.

내부에너지의 변화는 $\Delta U = q + w$로 규정되며, 즉 열과 일이 내부에너지 변화를 일으킨다고 일반화학에서도 배운다. 일은 $-p\Delta V$로 외부 압력과 계의 부피 변화의 곱이 일이다. 만약 부피가 일정하다면 일은 없고 내부에너지의 변화는 열로만 기술이 된다.

열용량은 온도 1도를 높이기 위해 필요한 열이라고 정의할 수 있으며, 수학적으로는 열을 온도로 일차 미분한 값이다. 만약 부피가 일정하다면 열이 내부에너지 변화와 일치하니 열용량은 내부에너지를 온도로 1차 미분한 것이다. 부피가 일정한 경우의 열용량을 C_V라고 할 때

	~수 K	~수 K < T < ~수십-수백 K	~수십-수백 K	~수십-수백 K < T < 수천 K	~수천 K
총에너지	3/2RT	3/2RT < E < 5/2RT	5/2RT	5/2RT < E < 7/2RT	7/2RT
부피가 일정한 경우의 열용량	3/2R	3/2R < E < 5/2R	5/2R	5/2R < E < 7/2R	7/2R

그림 60 이원자 분자의 온도별 열용량의 변화를 표로 정리하였다. 본문 참고.

$$C_V = \left(\frac{\partial U}{\partial T}\right)_V$$

앞에서 설명한 〈그림 59〉의 표에서 보여준 이원자 분자 1몰의 온도별 총 내부에너지를 기반으로 각 경우의 열용량을 〈그림 60〉에서 다시 정리해 보았다. 내부에너지를 T로 일차 미분하면 열용량이니, 균등 분배 원리로 에너지를 표현할 수 있는 경우 에너지를 기술하는 항에서 T만 빼주면 열용량이 된다. 〈그림 60〉의 표를 도식화시킨 것이 〈그림 61〉이다.

열용량이 온도가 증가할수록 증가하는 구간이 있다는 것은 에너지의 양자화를 의미한다. 만약 에너지가 양자화되어 있지 않고 연속적으로 에너지가 존재한다면 이원자 분자 1몰의 일정한 부피에서의 열용량은 매우 낮은 온도에서부터 $\frac{7}{2}R$로 일정할 것이다(내부에너지가 모든 온도에서 $\frac{7}{2}RT$가 될 것이다). 에너지가 연속적이라면 온도가 올라가는 만큼 입자는 위쪽의 에너지 준위로 들뜨게 되고 온도가 올라가는 만큼 비례하여 내부에너지는 올라가게 된다.

에너지 준위가 양자회되어 있는 경우 매우 낮은 온도에서는 온도를 조금 올렸는데도 입자 내지 분자가 바닥상태에서 바로 위 에너지 준위로 올라갈 만큼 충분한 온도가 아니어서 입자가 들뜨지 않는 상황이 있게 된다. 온도는 증가하는데, 내부에너지는 그만큼 증가하지 않는, 즉 내부에너지의 온도에 대한 미분 값이

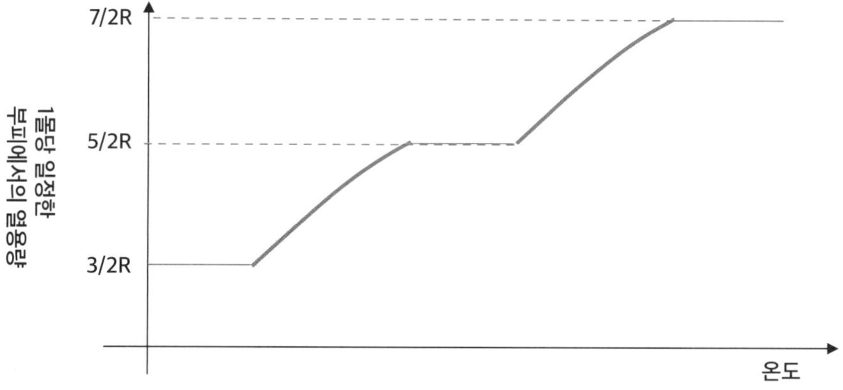

그림 61 〈그림 60〉을 도식화시켰다. y축은 열용량이며 x축은 온도이다.

0에 가까운 구간이 존재한다는 것이다. 그러다가 온도가 더 올라가면 열용량이 조금씩 증가하면서 특정한 값에 수렴하게 된다. 저온에서 온도는 증가했는데 그 온도가 입자가 위 에너지 준위로 들뜨게 할 만큼 충분한 온도가 아니라 내부에너지가 그만큼 증가하지 못하는 구간에서 해당 에너지 모드의 열용량이 0에 가깝다는 것을 발견한 것을 에너지의 양자화에 대한 증거로 받아들일 수 있다.

지금까지 살펴본 것처럼 분배함수를 구하면 내부에너지를 구할 수 있는데, 그 외에도 엔트로피, 깁스 자유에너지, 헬름홀츠 자유에너지 등도 구할 수 있다.

유도 과정은 모두 생략하고 수식만 살펴보면 엔트로피 S는

$$S = \frac{U - U(O)}{T} + Nklnq$$

$$S = \frac{U - U(0)}{T} + Nkln\frac{qe}{N}$$

유도 과정에 대한 간단한 힌트만 주자면, 엔트로피 S는 통계열역학적으로 볼츠만에 의해 $klnW$로 정의되었다고 앞에서 배운 바가 있으며, 이 식과 W를 자세히 기술하는 식에서 출발하여 엔트로피와 분배함수와의 관계를 식으로 유도할 수 있는 것이다. 병진운동의 경우 위 2개의 식 중 아래의 식을, 회전, 진동, 전자의 분배함수의 경우에는 위 식을 사용한다. 여기에 각각 앞에서 기술한 각 에너지 모드의 분배함수 q를 넣으면 각 모드의 엔트로피 기여도를 구할 수 있다.

깁스 자유에너지 $G = H - TS, H = U + PV = U + nRT$ (여기서 n은 이상기체방정

식에서 나온 것으로 몰수, 양자수 n과는 잘 구별하기 바란다)임을 고려하고, 우리가 내부에너지 U, 엔트로피 S를 모두 분배함수를 통해 기술할 수 있음을 고려하면 깁스자유에너지 G도 분배함수로 기술할 수 있고, 헬름홀츠 에너지 $A = U - TS$도 역시분배함수가 포함된 식으로 얻을 수 있다. 더 자세한 내용은 통계열역학 교재를 참고하거나 통계열역학 수업을 열심히 들으면 될 일이다.

통계열역학적인 엔트로피 중 Ar 같은 단원자 분자로 핵의 운동 중에는 병진운동만 고려해야 하는 경우를 생각해 보자.

1몰당 병진운동의 엔트로피는 다음과 같이 기술된다.

$$S_m = R ln \left(\frac{V e^{\frac{5}{2}}}{N_A \Lambda^3} \right), \text{ 여기서 } \Lambda = \frac{h}{(2\pi mk T)^{\frac{1}{2}}}$$

꽤 복잡한 식이다. 이 식을 자세히 뜯어보면, 다음과 같은 물리적 의미를 알수 있다. 온도가 올라가면 엔트로피는 증가한다. 당연히 개체가 차 있는 에너지준위의 개수가 더 많아지니 Weight of configuration(W)이 증가하고 그러면 볼츠만의 통계열역학적 엔트로피 정의를 고려할 때 엔트로피는 증가함을 알 수 있다.m, 즉 입자의 무게가 증가해도 엔트로피는 증가한다. Ne 1몰보다 같은 온도에서더 무거운 Ar 1몰의 엔트로피가 더 크다. 1장에서 배운 양자화학의 상자 속의 알맹이에서 병진운동의 에너지 준위는 1차원 운동에서 다음과 같다. 이 식은 앞에서 몇 번 보여준 바가 있다.

$$E = \frac{n^2 h^2}{8mL^2}$$

여기서 m이 커지면 같은 양자수 n의 에너지가 감소하고 에너지 준위 간 간격이 작아지면서 같은 온도에서 더 많은 개수의 양자화된 에너지 준위에 원자가존재하게 되니(또는 원자가 더 높은 양자수의 준위까지 올라갈 수 있으니) W가 커지고 엔트로피가 증가하는 것이다. L, 즉 기체가 담겨 있는 상자의 크기가 증가해도 엔트로피는 비슷한 이유로 증가하게 된다. 물론 병진운동 준위는 서로 거의 붙어 있는 상태여서 실험적으로 그 에너지의 양자화를 구분하긴 어렵다고 몇 번 이야기했다. 그럼에도 불구하고 그 병진운동의 에너지가 양자화가 되어 있다는 개념으로 부피나 질량에 따른 엔트로피의 변화를 설명할 수 있음은 흥미롭다.

이 책의 맨 앞에서 양자화학의 상자 속의 알맹이로 출발하여, 분광학과 통계열역학을 거쳐 거시적인 열역학을 다루는데 여기서도 이 상자 속의 알맹이 이야기를 하고 있다. 놀랍지 않은가?

열역학에서 가역(reversible) 팽창, 비가역(irreversible) 팽창을 배우며, 비가역 과정의 열은 그에 상응하는 가역 과정의 열보다는 항상 작다고 배운다. 가역 과정이든 비가역 과정이든 주어진 온도에서 엔트로피 변화는 가역 과정의 열 변화량에 비례하고 온도에 반비례한다. 즉,

$$dS = \frac{dq(rev)}{T}$$

로 표현할 수 있다. 지금까지 앞에서 q는 분배 함수였는데, 거시적인 열역학에서는 q가 열이다. 좀 헷갈리더라도 대부분 물리화학 교재들에서 이렇게 기술하고 있어 여기서도 열도 q로 기술하니 이해하기 바란다. 결국 $dq \leq dq(rev)$이니(dq가 가역 또는 비가역 과정의 열 변화량이라면, 그에 상응하는 가역 과정의 열 변화량 $dq(rev)$보다는 같거나 작으니) 우리는

$$dS \geq \frac{dq}{T}$$

라고 볼 수 있다. 이 식이 클라우지우스 부등식이라고 하는 것인데, 자발성을 기술하는 깁스 자유에너지, 헬름홀츠 자유에너지 식이 모두 다 이 클라우지우스 부등식으로부터 도출되니 거시적인 열역학에서 매우 중요한 식이다. 그런데, 열역학을 배우면서 이 내용을 이해하는 것이 쉽지 않다. 가역, 비가역의 개념이 잘 와닿지 않고, 왜 비가역 과정의 엔트로피 변화가 비가역 과정이 아닌 가역 과정의 열 변화량($dq(rev)$)을 온도 T로 나눈 값인지(비가역 과정의 엔트로피가 왜 비가역 과정의 열과 관련이 없고) 그걸 이해하기가 쉽지 않다. 여기서는 가역, 비가역이 도대체 무엇이며 왜 비가역 과정의 엔트로피 변화가 가역 과정의 열 변화에 비례한다는 것인지, 미시적인, 즉 양자화학적인 그림을 기반으로 설명해 보고자 한다. 아마도 이 부분은 열역학을 조금 공부한 뒤 읽어 보는 것이 좋지 않을까 싶다. 일반화학만 배우고 물리화학을 배우기 전이라면 그 내용이 너무 어렵게 느껴질 수도 있다.

열역학 제1법칙을 살펴보면 앞서 이야기했듯이 내부에너지의 변화는 열과 일로 기술이 되며, 일은 외부 압력 곱하기 부피 변화의 음수이다. 이를 식으로 표현하면 다음과 같다.

$$\Delta U = q + w, w = -p\Delta V$$

여기서 p는 계의 내부 압력이 아닌 외부 압력임을 강조한다. 부피가 팽창하면 일을 하는 것이다. 그러면 계의 내부에너지 U는 감소하게 된다. 열역학에서 일 또는 부피의 팽창을 기술할 때 가역 팽창과 비가역 팽창을 기술한다.

닫힌 계인 풍선 안에 기체가 갇혀 있고 풍선이 팽창할 수 있다고 하자. 가역 팽창은 외부 압력과 내부 압력이 같은 상태를 유지하며 팽창하는 것이다. 즉, 이때 외부 압력과 내부 압력이 항상 평형상태에 있다. 부피가 V_i에서 V_f로 증가한다고 할 때 일은 $-p(V_f - V_i)$로 기술할 수 있다. 그런데 여기서 외부 압력과 내부 압력이 같다고 했는데 이 이야기는, 만약 온도가 일정하다고 한다면(온도가 일정하면 "등온"이라고 한다. 온도가 일정하면 내부에너지도 일정하다. 균등 분배 원리에서 내부에너지는 온도의 일차함수이며 다른 변수와는 무관함을 연상하면 편하다), 이상기체 방정식

$PV = nRT$에 의해서 n, R, T는 모두 일정하고 V가 증가하면서 내부 압력인 P가 감소하게 되고, 이에 따라 외부 압력 p도 그에 맞게 감소해야 한다는 것이다. 결국 $p = \frac{nRT}{V}$가 된다.

그러면 가역 팽창에서 일은 다음과 같이 수학적으로 기술된다.

$$w = - \int_{V_i}^{V_f} p\, dV = - \int_{V_i}^{V_f} \frac{nRT}{V}\, dV = - nRTln\frac{V_f}{V_i}$$

그런데 이 경우 온도가 일정한 등온 조건이라고 했는데, 온도가 일정하다는 것은 앞에서 이야기한 것처럼 내부에너지 U가 일정하다는 것을 의미한다. 그러니 w, 즉 일에 의해 내부에너지가 감소하면 그 내부에너지가 감소하는 만큼 바로바로 열(q)이 들어와서 내부에너지는 일정하게 유지되어야 한다(내부에너지 변화는 0이어야 한다). 결국 일과 열은 양은 같고 부호만 반대여야 한다. 이러한 등온 가역 팽창에서 일과 열은 다음과 같은 식으로 표현된다.

$$w = - nRTln\frac{V_f}{V_i} \quad \text{그러면} \quad q = nRTln\frac{V_f}{V_i}$$

〈그림 62〉에서 이상기체 방정식에 의해 압력은 부피에 반비례하고 가역 팽창의 일은 이 그림의 빗금 친 영역의 면적, 즉 팽창이 일어나는 부피 구간에 대해서 압력을 적분한 값이다.

온도가 일정한 조건, 즉 등온 조건에서의 비가역 팽창은 풍선 내부의 압력이 외부의 압력보다 높은 상태에서 출발하여 외부의 압력은 일정하고 내부의 압력은 부피가 늘어나면서 감소하는 것이다. 그러다가 외부와 내부의 압력이 같아지면 팽창은 멈추게 된다. 〈그림 63〉에서 직사각형 면적이 부피가 V_i에서 V_f로 비가역적으로 증가할 때의 일이다. 즉, 일은 $- P(ex)(V_f - V_i)$이다. $P(ex)$는 외부의 압력으로, 이 경우 내부와 외부의 압력이 다를 수 있기 때문에 외부의 압력임을 (ex)로 강조하여 표기하였다.

〈그림 62〉와 〈그림 63〉의 표시된 영역의 면적을 비교해 보면, 등온 조건의 가

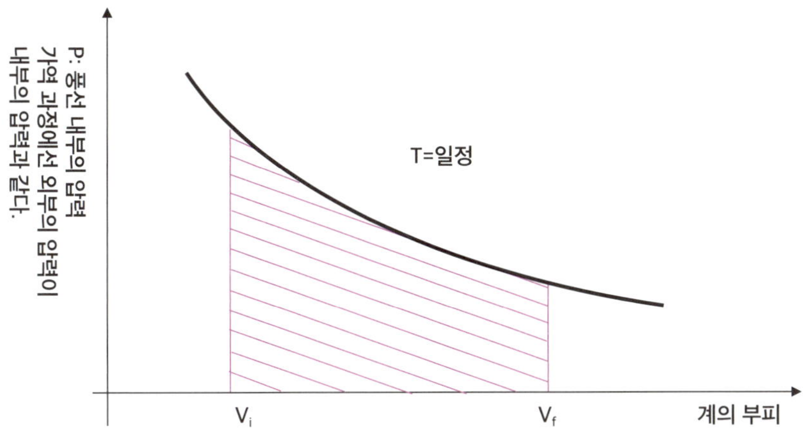

그림 62 등온 가역 팽창에서 부피 변화에 따른 내부 압력 변화를 도식화시켰다. 빗금 친 부분 면적이 등온 가역 팽창 일에 해당한다.

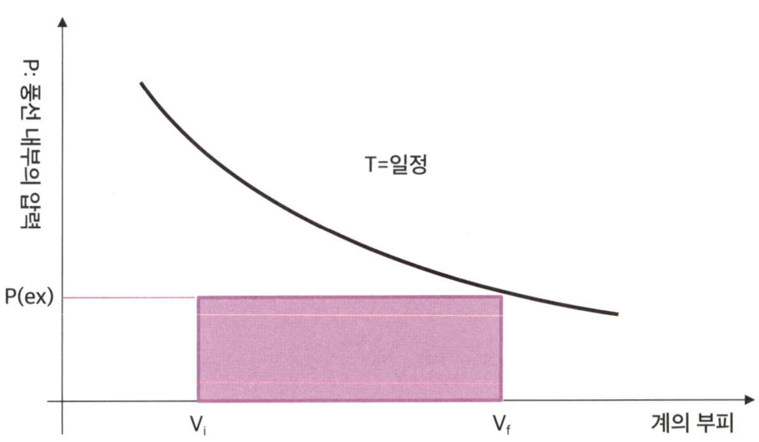

그림 63 등온 가역 팽창에서 부피 변화에 따른 내부 압력 변화를 도식화시켰다. 여기서 채워진 사각 면적이 등온 비가역 팽창 일에 해당한다.

역 팽창과 비가역 팽창 중 가역 팽창의 일의 값이 더 크다는 것을 알 수 있다. 가역 팽창은 외부와 내부의 압력이 같은 상태로 팽창하는, 즉 팽창 시 외부 압력이 감소하면서 내부 압력도 외부 압력과 똑같이 감소하면서 팽창하는 것이다. 내부 압력과 외부 압력이 같다고 볼 수 있는 상황에서 팽창하는데, 즉 풍선의 벽을 내부 기체가 밀쳐내는데 너무 힘들다(최대 힘이 들어간다). 사실은 외부와 내부의 압력이 같다면 팽창을 하지 않아야 하는데, 외부 압력이 아주 조금 감소하면, 그만큼 팽창하며 내부 압력도 감소된 외부 압력과 같아지기가 연속적으로 일어나는 것이 가역 팽창인 것이다. 비가역 팽창은 내부 압력이 외부 압력보다 큰 상태에서 기체가 풍선의 벽을 밀쳐내어 풍선이 팽창하며 내부 압력이 낮아져서, 내부 압력이 팽창 초기부터 변화하지 않고 일정한 외부의 압력과 같아지면 팽창을 멈추는 것이다. 내부 압력이 외부 압력보다 크기 때문에 풍선 벽이 기체들에 의해 쉽게 밀쳐지니 팽창이 더 쉽다. 그래서 가역 팽창이 비가역 팽창보다는 항상 더 어려우니 가역 팽창의 일이 최대 일이다. 가역 과정은 내부와 외부가 평형상태를 유지하는 과정이다. 비가역 팽창은 자발적인 팽창이다. 외부보다 내부의 압력이 더 크다면 풍선이 팽창하는 것이 자발적이라는 것은 쉽게 이해할 수 있을 것이다.

가역이라는 권투 선수가 있다고 하자. 권투 선수가 자기와 힘이 같은 권투 선수와 싸운다. 싸우면서 나도 상대방도 계속 동시에 지쳐간다. 3 라운드가 끝나고 나면 둘 다 지친다. 비가역이라는 권투 선수는 자기보다 훨씬 약한 권투 선수와 싸운다. 비가역이는 싸우면서 점점 지쳐가는데 처음엔 자기가 힘이 훨씬 세니 수월하게 싸움을 풀어가다가 나중에 가면 이 비가역이라는 권투 선수와 상대방 모두 같은 정도로 지쳐버린 상태로 3 라운드를 마무리한다. 가역이와 비가역이 중 누가 더 순수하게 싸움에 힘을 많이 썼을까? 누가 더 일을 많이 했을까? 자기와 비슷한 힘을 가진 놈과 처음부터 싸운 가역이가 더 싸움에 힘을 많이 썼겠다. 비가역이는 처음엔 힘이 남아돌아 실제 싸움엔 도움도 안되는 페인트 모션 등에 헛힘을 쓰고 실제 싸움엔 그리 큰 힘을 들이지 않았을 것이다. 가역이는 처음부터 오로지 상대방과의 싸움에 온 힘을 기울였을 것이다. 가역 팽창이 비가역 팽창보다 항상 더 큰 일을 하는, 즉 가역 팽창의 일이 최대 일이라는 것의 비유다. 참고로 부피가 줄어든다면 가역 수축 일의 절대값이 비가역 수축보다는 작다. 그런데 일의 부호가 팽창과는 반대가 된다. 가역 수축이 가장 적은 일을 받는다고 할 수 있겠다. 가역 과정이 가장 많은 일을 하며 가장 적은 일을 받는다. 일단 지금부터

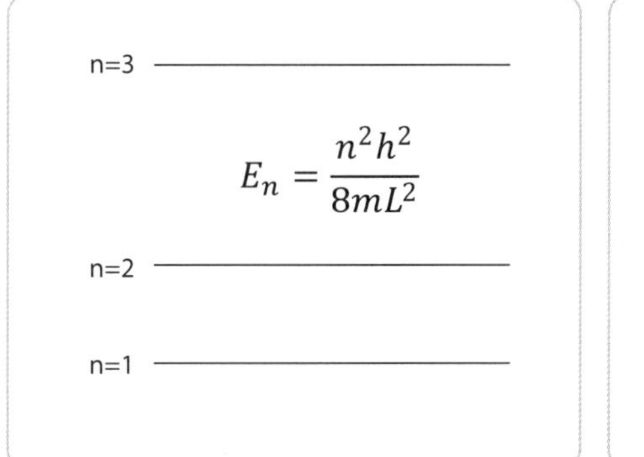

그림 64 병진운동을 표현하는 1차원 상자 속의 알맹이에서 상자의 길이가 길어지면서 일어나는, 즉 계가 팽창하기 전 후로 일어나는 에너지 준위의 변화를 도식화하였다. 상자 속의 알맹이의 양자화된 에너지 준위를 표현하는 식이 각 그림에 적혀있는데, 상자 길이 L이 커질 수록, 즉 더 많이 팽창할 수록 같은 n을 갖는 양자화된 에너지 준위의 에너지가 낮아지고 준위 간 에너지 간격이 좁아진다.

는 수축은 배제하고 팽창에 관한 이야기를 풀어가 보겠다.

내가 이런 설명을 신소재 공학을 전공하는 내 아들에게 하며 이렇게 설명을 해 주는 교수는 아빠밖에 없다고 한 적이 있다. 며칠 후 아들놈이 나에게 자신의 전공과목 교수님도 아빠와 비슷한 설명을 해 주면서 이렇게 설명을 해주는 사람은 자기밖에 없다고 하더라고 했다. 좀 창피했다. 아들아, 그런데 지금부터 하는 설명은 정말 아빠 말고 이렇게 해 주는 사람은 없을 것이다.

등온 가역 팽창에서는 앞에서 수학적으로도 자세히 기술하였듯이 일은 음수, 열은 양수, 내부에너지 변화인 그 합은 0이고 결국 내부에너지는 변하지 않는다. 온도가 일정한 등온 과정이기 때문에 내부에너지 변화는 당연히 0이 되어야 한다. 등온 비가역 팽창의 경우 일은 $-P(ex)(V_f - V_i)$, 열은 $P(ex)(V_f - V_i)$이다.

가역적인 과정에서 일을 하며 열이 주위에서 계로 천천히 유입되는 과정이 동시에 일어나며 온도는 팽창하는 내내 일정하게 유지가 된다. 그런데 편의상 등온 가역 팽창의 과정에서 일어나는 일과 열을 각각 따로 보아서 분리해서 생각을 해 보자. 부피가 가역적으로 V_i에서 V_f로 증가하는데 일어나는 일의 총합을 먼저 생각해 보고, 그 다음에는 그 팽창 과정에서 수반되는 열의 총합을 생각해 보자는 것이다. 풍선 안에 Ar 등의 단원자 분자가 들어 있어서 핵의 운동 중에는 병진운동만 고려하면 된다고 할 때 병진운동의 에너지 준위는 팽창을 하는 동안 〈그림 64〉에 나타나 있는 것같이 변한다.

풍선의 부피가 팽창하면 그건 1차원 상자 속의 알맹이의 길이 L이 늘어나는 상황에 해당하니, 같은 양자수 n의 에너지 준위가 팽창 후 더 낮아지고, 인접한 에너지 준위 사이의 에너지 간격은 작아지게 된다. 이건 부피의 팽창에만 연관이 있는 것이니 가역이건 비가역이건 무관하게 같은 부피 팽창에는 모두 적용 가능한 것이다.

〈그림 65〉는 가역 팽창이 일어나는데 열은 배제하고 일에 의해서 일어나는 변화만을 도식적으로 표현한다. 앞에서 등온 가역 팽창에서 $-nRT\frac{V_f}{V_i}$에 해당하는 일을 한다고 했는데, 미시적으로는 이 그림처럼 각 에너지 준위의 팽창에 의한 변화는 일어나는데 각 준위의 population은 변하지 않을 경우 일어나는 내부에너지 변화와 이 가역 팽창의 일이 같다는 것을 수학적으로 증명할 수 있다. 이 증명 과정은 물리화학 교재를 참고하면 되고 여기서는 생략한다. 각 에너지 준위의 분자수는 그대로인데 각 에너지 준위의 에너지가 계의 팽창에 의해 주저앉았으니

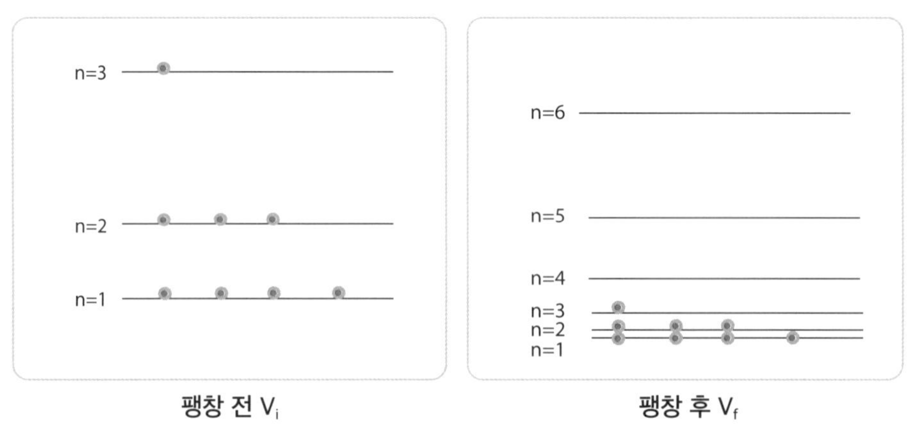

그림 65 〈그림 64〉와 같이 팽창하는 상황에서 각 에너지 준위의 입자 수, 즉 population의 변화는 일어나지 않는, 그래서 결국 팽창 후 계의 내부에너지는 감소된 상황을 도식화하였다.

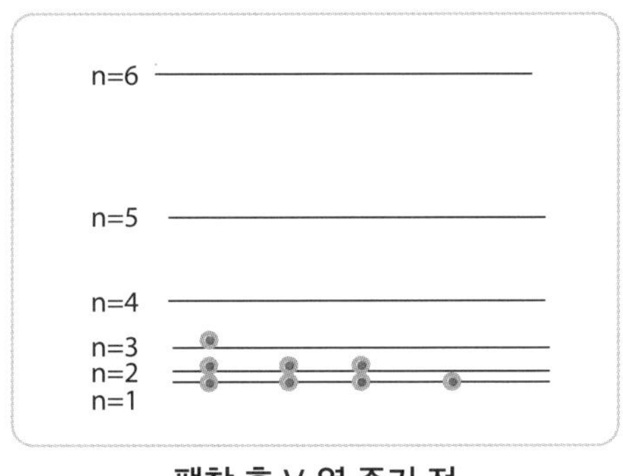
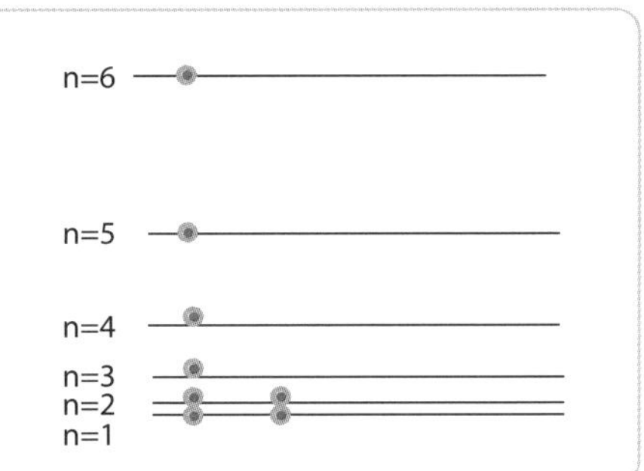

팽창 후 V_f 열 주기 전   팽창 후 V_f 열 공급하여
초기 온도로 되돌린 후

그림 66 〈그림 65〉의 팽창 후 열을 가해줘서 〈그림 65〉의 팽창 전 상태와 내부에너지를 같게 만들어준다. 팽창 후 각 에너지 준위들이 아래로 주저앉았는데 그 상태에서 부피의 추가적인 변화 없이 계에 열을 가하면 위 그림에서 왼쪽 대비 오른쪽과 같이 상대적으로 높은 에너지 준위의 population이 늘어나게 되고 낮은 에너지 준위의 population은 줄어든다.

계의 내부에너지는 감소한 것이며 그 에너지 감소만큼 계가 일을 한 것이다. 이것이 등온 가역 팽창에서 순수하게 일에 의해 일어나는 미시적인 변화이다.

　이제 등온 가역 팽창에서 열에 의한 계의 미시적인 변화를 생각해 보자. 앞에서 설명한 일에 의한 기여의 최종상태에서 출발하여 여기에 더해지는 총열의 기여를 생각해 보자. 열은 부피의 변화와 무관하기 때문에 열의 기여에는 더 추가적인 에너지 준위 자체의 변화는 없다. Ar 등의 단원자 분자에 대해서 고려할 필요가 없겠고, 다원자 분자에서도 분자 구조를 열이 바꾸지 않으니, 회전이나 진동운동의 양자준위 자체도 열에 의해 변하지 않는다. 열을 가한 만큼 〈그림 66〉과 같이 각 준위의 population이 변하게 된다. 가상적으로, 기술된 양만큼의 일에 의해서 온도 또는 계의 내부에너지가 내려갔다가 열에 의해서 온도가 원상 복구되는 상황으로 생각해 볼 수 있다. 사실은 등온 과정, 즉 온도가 변하지 않는 팽창 과정인데, 이때의 총 열과 일을 구한 뒤 일이 먼저 일어나고, 열이 그 다음에 공급되어 결과적으로 팽창 전과 후의 온도는 같아지게 된다고 가상적으로 생각해 보자는 말이다. (1) 팽창 전, (2) 팽창 후, 즉 총 일을 모두 고려한 이후, (3) 2번 이후 열 공급 후 이렇게 세 경우를 비교해 보면 에너지 준위들과 각 준위들의 population

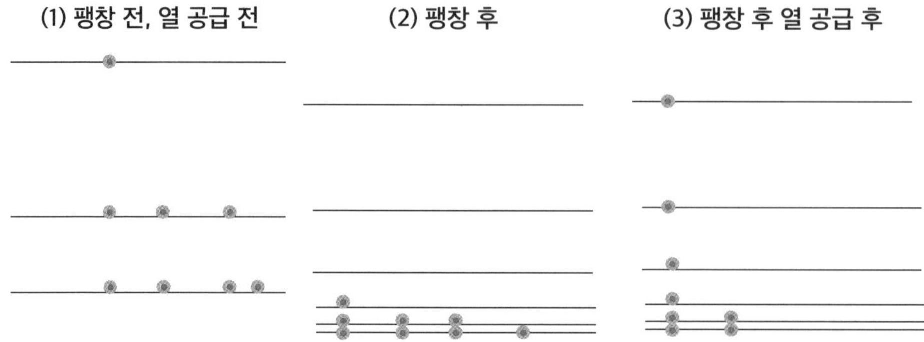

그림 67 〈그림 65〉, 〈그림 66〉의 팽창 전, 팽창 후, 열을 가한 후를 한 그림에 나타내었다. 본문에 자세히 설명되어 있듯이 이 상황이 가역 등온 팽창에 해당하며, 1과 2의 내부에너지 차이는 등온 가역 팽창의 일, 2와 3의 차이가 등온 가역 팽창 열이다.

은 대략적으로 〈그림 67〉과 같다. (1), (3)번의 온도 내지 내부에너지는 같고 (2)번에선 내부에너지가 상대적으로 내려간 상태가 된다.

그러면 Weight of Configuration(W)과 관련 있는 엔트로피 $S = kln\,W$ 변화는 어떨까? 엔트로피는 (1)에서 (2)로 갈 때는 W가 일정하니 변하지 않는다. (2)에서 (3)으로 갈 때만 엔트로피는 증가한다. 그러니 정리하자면 가역 팽창에서는 일은 엔트로피의 변화와는 관련이 없고 열에 의해서만 엔트로피가 증가한다. $dS = dq(rev)/T$이라는 클라우지우스 부등식에서 나오는 표현은 엔트로피 변화는 가역적인 과정의 열 변화량 $dq(rev)$과만 관련이 있다. 결국 등온 가역 팽창의 열 변화량인 $dq(rev)$는 $nRTln\dfrac{V_f}{V_i}$이니 dS는 $nRln\dfrac{V_f}{V_i}$된다. 이 클라우지우스 부등식이라는 것은 열역학에서 매우 중요한데, 그 유도 과정 역시 여기서는 생략한다. 앞에서 이미 언급한 바와 같이 깁스 자유에너지 등의 열역학에서 중요한 함수들은 모두 클라우지우스 부등식과 관련이 있다.

이제 등온 비가역 팽창을 한편 살펴보자. 등온 비가역 팽창은 똑같은 부피의 팽창에서 등온 가역 팽창보다 일을 덜한다. 그러니 열을 공급해주지 않으면서 V_i에서 V_f로 팽창하면서 일만 한다고 가정한다면, 가역 팽창보다 일에 의해 내부에너지가 덜 감소해야 한다. 그러면 팽창 전의 온도로 되돌리기 위해 공급해줘야 하는 열도 같은 온도에서 같은 계가 같은 부피 변화를 일으키는 가역 팽창에 수반되는 열보다는 작다($q(rev) \geq q$). 비가역 팽창의 상황을 미시적으로 살펴보면 〈그림 68〉과 같다.

비가역 팽창을 하는 동안에는, 열이 공급되지 않아도 단순히 에너지 준위가 아래쪽으로 주저앉을 뿐만 아니라 원자 또는 분자들이 더 높은 n값을 가지는 에너지 준위로 조금 기어 올라가게 된다. 비가역 팽창의 일은 상대적으로 가역 팽창보다는 좀 쉬운, 좀 작은 일이다. 상대방 권투 선수가 나보다 힘이 약한 상태에서 싸움을 시작하는 상황이다. 그러니 싸움을 하면서도, 즉 일을 하면서도 에너지를 완전히 싸움에만, 즉 일에만 소진하지 않고 분자를 더 높은 양자수의 준위로 올리는데 조금 사용할 수가 있다. 그러면 일을 하면서도 W가 증가하게 되고 엔트로피가 증가하게 된다. 이 가상적인 비가역 팽창 후 열을 공급하여 원래 팽창 전의 온도로 되돌리면 W는 2번보다 더 증가하게 된다. 지금까지 가역 팽창과 비가역 팽창을 〈그림 67〉과 〈그림 68〉에서 살펴보았는데, 여기서 (1), (3)번의 엔트로피, 내부에너지는 가역이나 비가역이나 다르지 않다. (2)번만 다를 뿐. 온도, 엔트로피, 내부에너지는 모두 상태함수이다. 가역적인 경로를 거쳤건 비가역적인 경로를 거

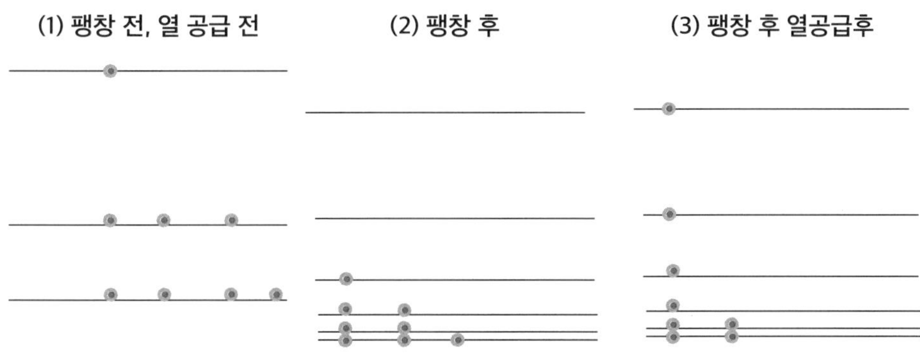

그림 68 〈그림 67〉과 유사한 모식도인데, 여기서는 등온비가역 팽창에 해당한다. 1과 2의 내부에너지 차이는 등온 비가역 팽창 일, 2와 3의 차이는 등온 비가역 팽창 열이다. 〈그림 67〉과 다른 점은 1)과 2) 사이에서 각 에너지 준위의 population의 변화가 일어나며, 1)과 2) 사이의 내부에너지 차이가 〈그림 67〉의 경우보다 작아지게 된다. 결국 등온 비가역 팽창 일은 등온가역 팽창 일보다 작다.

쳤건, 처음과 끝이 값이 똑같으면 상태함수의 변화량은 같다.

온도를 일정하게 유지하며 비가역 팽창을 하는 등온 비가역 팽창의 엔트로피 변화는 〈그림 68〉의 (3)번의 엔트로피에서 (1)번의 엔트로피를 뺀 값이며, 결국 그 엔트로피 변화는 앞의 〈그림 67〉의 등온 가역 팽창의 경우와 같다. 즉, 등온 비가역 팽창의 엔트로피 변화도 $nRln\frac{V_f}{V_i}$로 등온 가역 팽창의 엔트로피 변화와 같아진다.

지금까지의 설명에서 등온 팽창 과정에서 동시에 일어나는 일과 열을 분리하여 일에 의해 온도가 내려갔다가 열에 의해 온도가 올라가는 과정으로 묘사하고 그 과정에서 등온에 해당하는 식들을 썼으니 엄밀하게 이야기하면 설명에 약간 오류는 있다. 그러나 효율적인 설명을 위해 이 정도의 오류는 감수해도 괜찮다고 생각한다. 게다가 이미 이야기한대로 엔트로피나 내부에너지나 모두 상태 함수라 그런 경로의 재편성은 크게 설명을 해치지 않는다. 여하튼 중간 중간 전체 논리적 전개를 거스르지는 않는 정도에서 약간의 오류가 있다는 점은 알아 두긴 해야 할 것 같다.

앞의 통계열역학 부분의 엔트로피와 부피의 관계를 기술하는 식을 다음과 같이 배웠다.

$$S_m = nRln\left(\frac{Ve^{\frac{5}{2}}}{N_A\Lambda^3}\right), \text{ 여기서 } \Lambda = \frac{h}{(2\pi mkT)^{\frac{1}{2}}}$$

이를 좀 간단하게 $S = nRlnaV$의 형태로 바꿀 수 있는데, 여기서 a는 닫힌 계, 같은 온도인 등온 조건에서는 그 값이 일정한 상수라고 할 수 있다. 그러면 등온 조건에서 V_i에서 V_f로 부피가 팽창하면 엔트로피 변화는 $nR\frac{V_f}{V_i}$이 되고 이는 거시적인 열역학의 계산 결과와 일치한다. 놀랍지 않은가?

가역이라는 사람이 있다. 이 친구는 직장에 다니면서 일을 하고 돈을 버는데, 취미도 없고 일이 삶의 전부인 사람이다. 격무에 시달리지만 돈은 많이 번다. 이 사람의 연봉이 $nRln\frac{V_f}{V_i}$라고 하자. 비가역이라는 사람이 있다. 비가역이는 삶을 즐기는 녀석이다. 일을 열심히 하지 않는다. 워라밸이 중요하다. 그러니 돈도 가역

　　　　　　　　　　　　　　　　처음 만나는 물리화학

이보다는 덜 번다. 가역이는 돈도 많이 버니 영양제도 많이 사 먹는다. 비가역이는 영양제 사 먹기에는 살림이 빠듯하다. 가역이는 돈도 많이 버는데 일을 많이 하니 항상 지쳐 있게 되는데 영양제를 많이 사 먹어서 자기 체력을 유지한다. 비가역이는 영양제를 먹진 않지만 그렇게 격무에 시달리지 않고 삶을 즐기니 영양제를 먹는 가역이만큼의 체력은 유지하고 있다. 결국 비슷한 나이의 두 친구, 우리 가역이와 비가역이는 체력도 비슷하다.

누군가 물어본다. 가역아, 너의 현재 행복을 얼마만큼이라고 정량화시켜 볼 수 있겠니? 나는 인생에 낙이 돈 버는 것 말고는 없으니 나는 내 연봉만큼 행복해 라고 한다. 비가역이에게 똑같은 질문을 해 본다. 비가역이는 자기 연봉은 낮으나 삶의 만족도는 받는 연봉보다는 높다. 자기와 나이도 비슷하고 비슷한 체력을 유지하는 가역이의 연봉만큼 나도 행복감을 느낀다고 생각한다. 내 연봉보다는 행복감을 더 느끼니 내가 받는 연봉으로 내 행복감을 정량화시키긴 좀 그렇고, 그렇다고 내가 가진 다른 무언가로 내 행복감을 정량화시키기도 어렵고, 그런데 친구이자 비슷한 체력을 유지하고 있는데 연봉이 행복의 모두인 가역이만큼은 나도 행복감을 느낀다고 생각하니 내 행복감은 가역이의 연봉만큼이라고 이야기할 수 있는 것이다. 가역이도 비가역이도 모두 행복감은 가역이의 연봉인 것이다. 가역 팽창이든 비가역 팽창이든 항상 $dS = dq(rev)/T$이듯이. 이미 눈치를 챘겠지만, 이 식의 (rev)는 가역 과정(reversible process)를 의미한다.

dS를 구할 때, $dq(rev)$를 왜 T로 나누게 되나? 계의 온도가 높을수록, 즉 더 많은 에너지를 가지고 있을수록 추가적인 열에 의한 엔트로피 변화가 적어진다. 많이 가진 사람은 똑같은 돈을 더 벌어도 가난한 사람이 그 같은 액수에 의해 느끼는 것보다 행복감이 덜하다.

여기서 또 한 가지 생각할 것은 부피 변화가 같은 등온 가역 팽창과 등온 비가역 팽창의 내부에너지 변화, 엔트로피 변화는 같다는 것이다. 부피 변화, 엔트로피 변화, 내부에너지 변화는 가역이냐, 비가역이냐의 경로와 상관이 없는 상태함수이다. 열, 일은 가역이냐, 비가역이냐에 따라서 달라진다. 경로에 따라서 달라지는 경로함수이다. 일반화학에서 배운 상태함수와 경로함수의 차이가 여기서

뚜렷해진다. 일반화학에서 경로함수와 상태함수를 배우긴 하나 그 의미가 무엇인지 잘 이해하기 어려웠다면 열역학을 공부하며 어떤 함수들이 상태함수이고 어떤 함수들이 경로함수인지를 잘 생각해보기 바란다. 상태함수인 S의 미시적인 변화는 dS로 표현한다. 특정한 경로의 엔트로피 변화는 dS의 적분이며, 이를 ΔS로 표시할 수 있다. 모든 열역학의 상태함수에 비슷하게 적용되는 내용이다. 반면 경로함수인 q, w의 경우 미세한 변화는 dq, dw로 표현되나 그 특정한 경로의 적분값은 q, w로 표현한다. 경로함수는 그 경로에 따라 달라지는 함수라서, 초기상태와 최종상태의 차이에 해당하는 Δ로 표현할 수 없다.

마지막으로, 이 소단원의 앞부분에서 제시한 클라우지우스 부등식을 다시 한 번 살펴보자.

$$dS \geq \frac{dq}{T}$$

이 식에서 같거나 크다($\geq$)라는 이 식 가운데의 부호에서 같다($=$)에 해당하는 경우가 가역 과정에 대한 것인데, 가역 과정은 외부와 내부 압력이 항상 평형상태에 있는 과정이라고 배웠고, 일반적으로도 이는 평형상태에 적용되는 식이다. 반면 더 크다($>$)에 해당하는 부호는 비가역 과정에 대한 것인데, 비가역 과정은 일반적으로 자발적 과정을 의미한다. 앞에서도 이야기했듯이 내부 압력이 외부보다 더 큰 비가역 조건에서 계가 팽창하는 것은 자발적이다.

위 클라우지우스 부등식을 다시 정리하면

$$dq - TdS \leq 0$$

여기서 압력이 일정한 조건에서는 $dq = dH$가 되고(H: 엔탈피), $dH - TdS = dG$가 된다. dG가 0이면 평형상태, 0보다 작으면 자발적 과정에 해당한다.

$-\frac{dq}{T}$는 주위의 엔트로피 변화를 의미한다. 계에서 열이 빠져나가면 그만큼 주위의 엔트로피가 증가하게 되는 것이다. 위 클라우지우스 식을

처음 만나는 물리화학

$$dS - \frac{dq}{T} \geq 0$$

이라고 써 본다면 결국 계의 엔트로피 변화와 주위의 엔트로피 변화의 합이 0일 때 평형상태이고 0보다 커야 자발적이라는 것이다. 결국 깁스 에너지의 변화 dG가 0보다 작아야 자발적이라는 것은, 계의 엔트로피와 주위의 엔트로피의 합이 0보다 커야 자발적이라는 것을 의미한다. 열역학 제2법칙의 다른 표현들이라고 볼 수 있다. 왜 물은 0도에서 얼고 100도에서 끓는가 등등 많은 문제들을 이 자발성과 관련된 식으로 설명할 수 있다.

압력이 일정한 경우가 아닌 계의 부피가 일정한 경우에 대해서라면 위 기술의 dH 대신 dU를 쓰고 깁스 에너지 G를 헬름홀츠 에너지 A로 바꾸면 된다.

결국 미시적인 세계를 기술하는 양자화학에서 출발하여 이를 기반으로 통계열역학적으로 클라우지우스 식을 기술하고 이로부터 거시적인 열역학의 자발성을 기술하는 깁스 에너지와 헬름홀츠 에너지가 도출되는 과정을 우리가 배울 수 있다. 거시적인 열역학은 이 책의 범위에서는 벗어나기 때문에 더 자세히 기술하지는 않겠다.

맺는말
(양자화학, 분광학, 열역학을 넘어서)

지금까지 양자화학, 분광학, 통계열역학의 기초에 대해 살펴보았다. 처음엔 좀 읽을 만하다가도 아마 통계열역학을 본격적으로 다룬 뒷부분에 가서는 역시 물리화학이 만만치 않다는 것을 느꼈을지도 모르겠다. 부디 학생들이 이 책을 읽고 나서 그래도 물리화학이 공부해 볼 만한 분야라는 생각을 했으면 하는 마음이다.

이 책의 마지막 부분에서 상태함수와 경로함수에 대해서 다뤘다. 내부에너지, 엔트로피를 비롯한 거의 모든 열역학에서 다루는 함수들은 상태함수이다. 상태함수는 마치 산을 오를 때, 산 밑에서 출발하여 해발 몇 미터까지 올라갔느냐에 비유할 수 있는 개념이다. 케이블카를 타고 올라갔든, 꼬부라진 등산로를 따라서 올라갔든 그 경로는 고려하지 않는다. 처음 출발점과 마지막으로 도달한 지점의 높이 차이만을 고려하는 것이 상태함수다. 마치 가역 경로를 거쳤는지, 비가역 경로를 거쳤는지와 무관하게 계의 내부에너지의 변화량은 변화가 일어나기 전과 후의 내부에너지 차이만으로 기술하는 것과 같다. 수학적으로는 여기서 Δ(delta)로 상태함수의 변화량을 표현한다.

나는 한동안 인생이 상태함수와 비슷하다고 생각하며 살아왔던 것 같다. 공부, 연구 또는 다른 일을 하는 과정에서 내가 달성한 성적과 성과로 평가받고, 내가 그 과정에서 어떤 길을 걸어왔는지에 대해서는 아무도 관심을 두지 않는다는 점이 마치 상태함수와 같다고 생각했는지 모르겠다. 가파르고 힘든 등산로를 밟아 올라왔든, 편한 케이블카를 타고 올라왔든 그건 세상의 관심사가 아니고 그저 내가 얼마나 높이 올라왔는지가 중요하다고 느꼈던 것 같다. 자연과학을 공부하다 보니 인생도 결국 자연을 지배하는 법칙과 유사한 어떤 법칙에 의해 지배되지 않을까 하는 상상을 하곤 한다. 그러다 보면, 정말 내가 걸어온 과정은 무의미하고 그 처음과 끝만 중요하다는 생각이 가끔씩 든다.

그러나 열역학에서는 주어진 조건에서 어떤 계의 더 이상 변화하지 않는 것처럼 보이는 상태인 평형상태라는 것에 대해 공부할 뿐이다. 사실, 자연은 평형상태에 도달하기까지 복잡한 과정을 거치며 어떤 경우에는 평형상태에 아예 도달하지 못하기도 한다(즉, 비평형상태에 머무른다). 우리의 인생, 그리고 이 세상은 사실 어느 순간에도 평형상태, 즉 더 이상 바뀌지 않는 그런 상태에 머물러 있지 않는다. 우리는 매 순간 동적으로 움직이는 그런 인생을 살아간다. 그런 동적인 상태에서는 내가 지금까지 어떤 경로를 거쳐왔는지에 따라 내 미래가 달라질 수 있다(화학 반응의 비평형에 대해서 배우려면 물리화학의 반응속도론을 공부해야 한다. 혹시 다음 책을 쓸 기회가 또 생긴다면 여기에 대해서도 다루어 보겠다. 양자화학, 분광학, 열역학과 함께 반응속도론까지 배워야 물리화학의 모든 내용을 훑었다고 할 수 있으니, 이 책만으로는 물리화학의 기초를 완전히 다졌다고 하기엔 모자란 감이 있다).

열역학은 마치 우리는 태어나면 언젠가는 결국 죽는다는 자연 과정의 처음과 끝을 알려주는 학문일지는 모르지만, 그 사이사이에 어떤 일들이 우리에게 일어날지 알려주지는 않는다. 험난한 등산로를 거쳐 산을 오른 사람과 케이블카를 타고 오른 사람의 다음 인생이 결코 같을 리 없다. 등산로를 밟고 올라가기를 반복한 사람은 언젠가는 케이블카만 타던 사람보다 더 강한 체력과 정신력을 가지게 되어 더 많은 것을 이룰 수 있을 것이다. 인생이 상태함수일 리가 없다. 간혹 엔트로피 같은 상태함수를 이용하여 사회 현상을 설명하려는 시도도 있고 그것들이 어떤 경우에 의미가 있을 수도 있겠으나, 모든 인생이 상태함수로 설명되지는 않는다.

물론 어떤 사람은 난 평생 케이블카만 탈 것이니 힘들게 등산하고 체력을 키

울 필요는 없다고 생각할 수도 있겠다. 아마도 흔히 말하는 금수저라는 사람들이 이 경우에 해당할지도 모르겠다. 걸어서 올라가는 입장에서는 그런 사람들이 부러울 수도 있겠다. 어느 정도의 부러움은 괜찮으나 그것이 시기, 질투로 이어지면 그건 정신 건강에 좋지 않다. 그저 나와 다르게 사는 사람도 있구나 하고, 나는 내 앞에 놓인 길을 뚜벅뚜벅 걸어가야 한다. 분명히 지금 더 어려운 길을 걸어가는 내가 케이블카만 타는 사람이 얻지 못하는 무엇인가를 얻을 수 있을 것이다. 그것이 체력, 더 건강한 정신력 또는 좋은 풍경을 구석구석 보면서 얻는 감성 등이지 않을까 싶다. 그렇다고 너무 휴식을 취하지 않고 올라가기만 하면 몸이 상할 수 있다. 적당히 휴식을 취하며, 내 몸에 무리가 온다고 생각하면 잠시 멈추기를 반복하는 것이 낫다.

연구도 이와 비슷한 것 같다. 연구도 휴식이 필요할 때는 쉬어가며, 하루하루 열심히 내 앞에 주어진 연구 과제를 해결하는 과정의 반복이다. 사실 삶이라는 것이 다 그런 것 같다. 내가 꼭 올해 안에 산 몇 개를 올라가겠다는 큰 원대한 꿈을 세우고 매일 열심히 산을 오를 수도 있지만, 또 어떤 사람은 그런 크고 원대한 꿈 없이 하루하루 열심히 산을 오를 수도 있다. 후자도 전자도 모두 똑같이 존중받아야 한다. 큰 목표가 없더라고 하루하루를 열심히 살아가는 사람의 삶은 인정을 받아야 한다. 어떤 사람은 이제 더 이상 올라가지 않고 내려가면서 경치를 즐겨야겠다고 생각할 수도 있다. 이미 올라가는 길에 지쳐버린 사람이라면 그럴 수 있다. 그런 사람 또한 응원받고 존중받아야 한다. 길을 잘못 들었다고 생각하고 다시 내려와 다시 새로운 길을 찾을 수도 있다. 그것이 무엇이든 모든 선택은 다 소중하고 존중받아야 한다. 지금은 잠시 내려가는 사람이 또 미래에는 다른 사람들보다 더 높이 올라가 있을 수도 있다.

내가 나이 좀 먹었다고 여기서 훈계를 하려는 것이 아니다. 이건 어쩌면 아직은 살아갈 날이 많이 남았다고 믿고 있는 스스로에 대한 다짐 같은 것일지도 모른다. 사실 남들이 보기에 대학교에서 학생들을 가르치며 그럭저럭 괜찮은 삶을 살고 있는 나는 꽤 오래전부터 우울증약을 먹고 있다. 어느 순간부터 나에게 큰일이 일어날 것 같은 불안감을 참을 수가 없었고, 그래서 정신과 상담을 받고 약을 먹기 시작했다. 한 10년 조금 넘게, 약을 먹다가 좀 괜찮아진다 싶어지면 약을 안 먹기를 반복하다가 1~2년 전부터는 꾸준히 먹고 있다. 그건 아마도 내가 너무 원대한 꿈을 꾸고 체력을 고려하지 않고 쉬지 않고 위로만 올라가길 반복했기 때문에 생긴 일 같다. 내가 그동안 어떤 성과를 냈는지, 앞으로 어떤 성과를 낼 것인지 고민하기보다, 그저 내가 한 걸음 한 걸음 걸어가는 지금 이 순간의 내 경로에 집중하려고 노력한다. 내일 어떤 일이 나에게 일어날지 너무 많은 생각을 하지 않으려고 노력한다. 물론 그것이 쉽지는 않다. 가능하다면 나와 함께 연구하는 학생들은 예전에 인생이 상태함수라고 생각했던 나처럼 살지 않고, 각자의 방식대로 연구하고 살아가기를 응원하고 싶다. 그 과정에서 실패하고 딛고 일어서는 것을 응원하고 싶다. 지금까지 나는 그렇게 살지 못했다. 은퇴까지 좀 남은 기간만이라도 다른 방식으로 젊은 친구들을 응원하면서 살아보고 싶다.

이 글들은 처음부터 좋은 책을 쓰겠다는 원대한 목표를 가지고 쓴 것은 아니다. 내가 그간 공부하고 학생들에게 강의하며 얻은 지식을 나중에 공대에서 신소재공학을 전공하다가 지금은 군대에 가 있는 내 아들에게 설명해 줄 날이 있을지도 모른다는 막연한 생각에, 내가 아는 지식을 조금씩 쓰기 시작했다. 쓰다 보니 글이 쌓이게 되었고, 연구년인 올해 시간이 좀 있으니 이 내용을 좀 다듬으면 어쩌면 책을 한 권 완성할 수도 있겠다고 생각하게 되었다.

어쩌면 이 책은 학생들을 가르치기 위해서라기보다 내 자신을 치유하기 위해 쓰기 시작한 것인지도 모르겠다. 이 글을 쓰는 동안 만큼은 그 물리화학의 내용들을 이해하고 더 쉽게 설명하기 위해 내가 쏟은 시간과 노력에 대해서 생각하게 되었고, 그것들이 꽤 가치가 있는 것일지도 모르겠다는 생각을 하게 되었다. 그 노력을 통해 내가 얻은 가시적인 성과는 아직은 없을지 모르지만 이 책을 쓰며 그래도 그간의 내 노력의 가치를 스스로에게 인정해 주자는 생각이 들었기에 그것만으로 충분하다.

조교수, 부교수 때는 강의하기가 정말 쉽지 않았는데, 정교수가 되고 나서도 몇 년이 더 지난 최근에 와서는 뒤늦게 내 강의 실력이 늘었는지, 내 강의가 꽤 유익하다고 이야기해 준 학생들이 많다. 그 학생들 덕분에 이 책을 쓰고 정리할 수 있는 용기를 내게 되었기에 그들에게 가장 먼저 고맙다는 말을 하고 싶다.

　내가 위에 쓴 글을 다시 읽어 보니, 요즘 사춘기를 이기는 것이 갱년기라는 데, 아마 나에게도 해당하는 말인지 모르겠다. 이 책이 나에게 끝이 아닌 시작이 길 기원하며 이만 마친다.

참고문헌

이 책에서는 다양한 일반화학 교재와 물리화학 교재를 참고하였음을 밝히며, 정확히 어떤 부분에서 어떤 교재를 참고하였는지를 세세히 밝히지 않았음을 이해해 주기 바란다. 다만 특히 통계열역학 부분에서 다음 교재를 많이 참고했음을 밝힌다.

Physical Chemistry: Quanta, Matter, and Change, Atkins, de Paula & Friedman, Oxford (2013).